"十四五"职业教育国家规划教材

职业院校机电类"十三五"微课版规划教材

UG NX 12.0
边学边练实例教程
第5版 | 微课版

周建安 洪建明 周旭光 朱光力 / 编著

U0191554

人民邮电出版社

北 京

图书在版编目（CIP）数据

UG NX 12.0边学边练实例教程：微课版 / 周建安等编著. -- 5版. -- 北京：人民邮电出版社，2020.9（2024.1重印）
职业院校机电类"十三五"微课版规划教材
ISBN 978-7-115-54389-9

Ⅰ. ①U… Ⅱ. ①周… Ⅲ. ①计算机辅助设计－应用软件－高等职业教育－教材 Ⅳ. ①TP391.72

中国版本图书馆CIP数据核字(2020)第117918号

内 容 提 要

本书精选了 100 多个（包括实体建模、二维工程图、装配、运动仿真等）实例和练习题，从简单到复杂，从单个知识的应用到多个知识的综合应用，逐步讲解实例操作的过程，读者可通过构建实例的操作过程学会并熟练使用 UG NX 12.0 各种命令。本书一些实例配有教学视频，利用手机扫描二维码即可播放视频。

本书内容新颖，条理清晰，图文并茂，通俗易懂，实用性强，既可作为职业院校机械类及相关专业的教材，也可作为 UG 培训机构用书，同时还可供相关行业的技术人员阅读参考。

◆ 编　著　周建安　洪建明　周旭光　朱光力
　　责任编辑　刘晓东
　　责任印制　王　郁　马振武
◆ 人民邮电出版社出版发行　　北京市丰台区成寿寺路 11 号
　　邮编　100164　电子邮件　315@ptpress.com.cn
　　网址　https://www.ptpress.com.cn
　　三河市君旺印务有限公司印刷
◆ 开本：787×1092　1/16
　　印张：15.25　　　　　　　2020 年 9 月第 5 版
　　字数：402 千字　　　　　　2024 年 1 月河北第 11 次印刷

定价：49.80 元
读者服务热线：(010)81055256　印装质量热线：(010)81055316
反盗版热线：(010)81055315
广告经营许可证：京东市监广登字 20170147 号

前言

习近平总书记在党的二十大报告中强调："加快建设国家战略人才力量，努力培养造就更多大师、战略科学家、一流科技领军人才和创新团队、青年科技人才、卓越工程师、大国工匠、高技能人才。"

本书全面贯彻党的二十大精神，结合机械制造、模具、数控专业积极开展实操实训，重视新知识、新技术、新工艺、新方法应用，通过创造性地解决实际问题，大力弘扬劳模精神、劳动精神、工匠精神，激励更多学生走技能成才、技能报国之路，培养更多高技能人才和大国工匠，为全面建设社会主义现代化国家提供有力人才保障。

"内容丰富、简单实用，教师易教、学生易学"是教材编写追求的目标，《UG NX 10.0 边学边练实例教程（第 4 版）》一经出版就受到广大师生的欢迎，本书继承以往全实例的编写风格，丰富了书中的内容，增补了章节和实例题量。

本书精选了多个实例和练习题，从简单到复杂，从单个知识的应用到多个知识的综合运用，逐步讲解实例操作的过程。本书大部分实例配有教学视频，且教学视频都配有语音。另外，本书的所有视频和实例建成的模型可以从人邮教育社区（www.ryjiaoyu.com）下载到计算机上观看和使用。

本书内容包括 UG NX 12.0_CAD 部分，即建模、二维工程图、部件装配和运动仿真四大模块，共分为 6 章。第 1 章、第 2 章、第 3 章由深圳职业技术学院的周建安编写，第 4 章、第 5 章、第 6 章由深圳职业技术学院的洪建明编写，附录由深圳职业技术学院的周旭光编写，全书的内容统筹以及全部教学视频由深圳职业技术学院的朱光力完成，朱光力负责统稿。

深圳职业技术学院的谢国明老师对本书的一些实例提供了技术指导，王学平老师为本书提供了一些实例，郭刚、匡和壁老师对本书的编写提出了一些建议，深圳市高技能训练基地的喻建华老师也提供了一些实例和编写建议，在此并表示感谢！

由于时间仓促、编者水平有限，书中难免会有疏漏之处，请读者指正。

编　者
2023 年 5 月

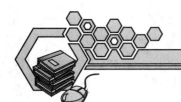

目录

第1章

UG NX 概述

UG NX 软件是三维参数化软件,主要应用于机械和电子等工业领域,尤其在模具企业更是应用广泛,可完成产品设计、分析、成型产品的模具设计以及零件自动数控编程加工的全过程。

1.1 UG NX 的主要功能模块

(1)Modeling——产品三维设计建模。

(2)Drafting——自动生产二维工作图纸。

(3)Manufacturing——数控加工模拟及自动编程。

(4)Assembly——产品装配。

(5)Moldwizard——模具设计。

(6)CAE(GFEM Plus Scenario)——力、热、变形分析。

(7)Photo——产生模型真实感照片。

1.2 UG NX 的建模方法

UG NX 的建模(Modeling)模块因其功能强大、建模方法灵活而被广泛应用,本书比较了各种建模方法,并探讨了其特点和用法。

1. 特征建模(Features Modeling)

特征建模是指使用体素特征(Primitive Feature)、成形特征(Form Feature)和扫描特征(Sweeping Feature)建立 3D 实体模型。

(1)体素特征。

体素特征是指块、圆柱体、圆锥体和球体四个基本几何特征。每一个特征在建立时都必须指定一个原点,而在编辑时只能修改其参数,不能修改其位置。因此,除了简单的模型外，一般在建立一个模型时最多只使用一个体素特征，且将其作为第一个特征。

（2）成形特征。

成形特征是指附着在平表面、基准面或内外圆柱面上的特征，如孔、凸台、环形槽以及用户自定义的形状特征等。这些类型的特征在创建时需要指定其附着面、类型、参数和方位，在编辑时不仅可以重新指定其附着面和类型，还可以修改其参数，并能重新定义其方位，因此这种类型的特征能够完全满足参数化设计的需要，在建模时应尽可能使用。

（3）扫描特征。

扫描特征是指由曲线或曲线串进行拉伸、旋转、扫描生成的特征，这种类型的特征与其生成的曲线完全相关，当编辑其曲线时，特征会随之变化。在使用扫描特征时，应尽量建立简单的曲线或曲线串，以便于以后的编辑。

2. 草图建模

草图建模是指使用草图工具建立平面曲线，经过拉伸、扫描、旋转等功能建立与草图曲线相关的参数化实体或片体特征，最后再经过对其特征的细化处理建立模型。

草图曲线建立在平面上，可以对其施加几何和尺寸约束，从而确定草图曲线的尺寸和方位。其特点是：①草图约束可以编辑，即草图对象的尺寸与形状可以修改；②草图的方位及其附着面也可以编辑。

3. 曲线建模

曲线建模与草图建模相似。UG NX 提供了丰富的曲线功能，不仅能建立类似于草图曲线的平面曲线，而且能建立样条曲线、二次曲线、规律曲线和螺旋线，还能使用表达式（Expression）建立参数方程，构造渐开线、双摆线等多种类型的参数化曲线。在使用曲线建模时，平面曲线最好使用草图建立，这样便于模型的编辑。

另外，建立的曲线还可以添加到草图中进行参数化设计。

4. 自由形状特征建模

自由形状特征一般用于构建形状复杂的模型，其特点是先由点或曲线来构造曲面（片体），再对曲面进行编辑，如裁剪、偏置、延伸、加厚、缝合等，使之成为所需的模型。在自由形状特征中，有一部分功能是非参数化的，如通过点和云点构面等功能，应尽可能少用，因为这些特征一旦建立，就很难编辑。

5. 直接建模

直接建模采用直观的操作方法改变模型的表面，从而达到编辑模型的目的。这种编辑不要求操作对象是基于特征的，特别适合编辑来自其他 CAD 系统的或非参数化的模型。

综上所述，UG NX 的建模方法多种多样、特点鲜明。只有多做练习、仔细体会，才能正确掌握各种建模方法的特点及用法并灵活应用，达到融会贯通的境界。

UG NX 12.0 操
作界面

1.3 UG NX 12.0 用户界面及定制

启动 UG NX 12.0 后，通常显示的是图 1-1 所示的界面，单击"新建"按钮，出现如图 1-2 所示的对话框，按照黑圈所示输入文件名及存放路径，再单击"确定"按钮，进入建模界面，如图 1-3 所示。

图 1-1

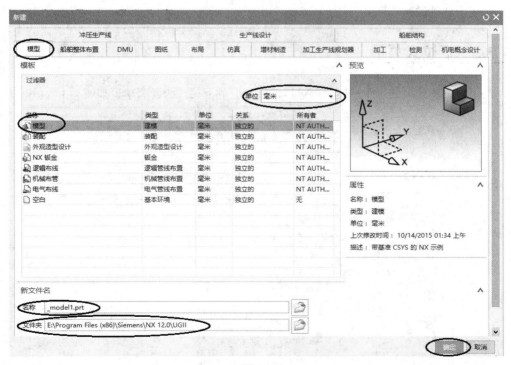

图 1-2

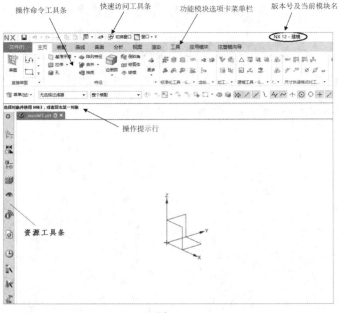

图 1-3

1.3.1　窗口结构

UG NX 利用图 1-3 所示的 Windows 风格的图形用户界面运行，使用 Windows 用户界面技术提供一个完全熟悉的操作环境。

1.3.2　下拉式菜单

单击下拉菜单条上的每个按钮，都可以调出相应的下拉式级联菜单，如图 1-4 所示。

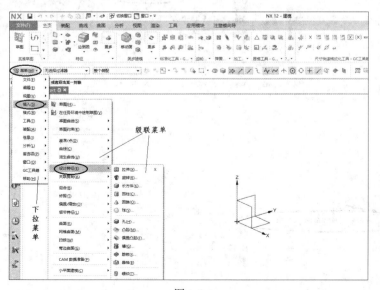

图 1-4

注意：在下拉式菜单中，符号"▶"表示该选项有级联菜单；符号"..."表示该选项有下一级对话框。

1.3.3　操作命令工具条

操作命令工具条由各命令组构成。命令组是根据功能相近的一些命令组成的项目的图标，图 1-5 所示列出了"直接草图""特征""同步建模"操作命令组。

图 1-5

在命令组的空白处单击鼠标右键，弹出图 1-6 所示的下拉菜单，单击"从主页选项卡中移除"选项，即可关闭该命令组；也可以单击"定制"选项，弹出"定制"对话框，对选项卡进行勾选，如图 1-7 所示；还可以增添命令组，如图 1-8 所示。

图 1-6

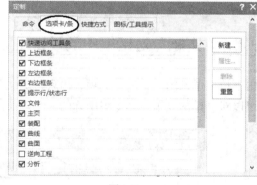

图 1-7

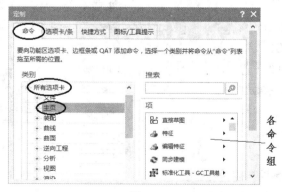

图 1-8

另外，用户也可以在选项条的空白处单击鼠标右键，在弹出的下拉菜单条中勾选或消隐各种选项卡，如图 1-9 所示。

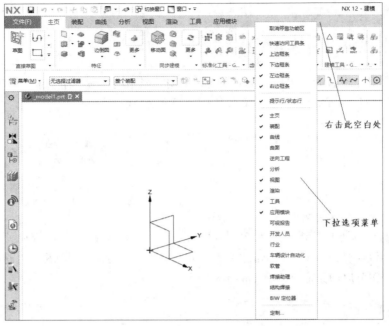

图 1-9

1.3.4 "定制"对话框中的设置

单击下拉菜单条的"定制"选项，出现"定制"对话框，在对话框中单击"图标/工具提示"按钮，可以对菜单的显示、命令组图标的大小以及菜单图标的大小进行设置，如图 1-10 所示。

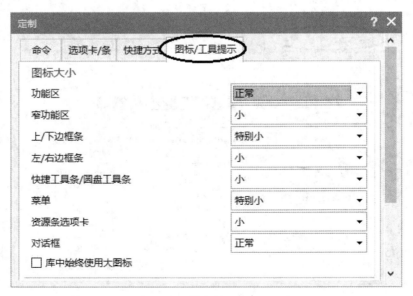

图 1-10

1.3.5 各种参数的设置

单击屏幕左上角的 菜单(M) ▾ 按钮，弹出下拉菜单，再单击"首选项"选项，出现级联菜单，可选择所需要的项目进行参数设置，如用户界面等，如图 1-11 所示。

1. "对象"首选项

单击 菜单(M) ▾ →"首选项"→"对象"选项，弹出图 1-12 所示的"对象首选项"对话框，该对话框主要用于设置对象的属性，如颜色、线型和线宽等（新的设置只对以后创建的对象有效，对以前创建的对象无效）。

图 1-11

图 1-12

2. "背景"首选项

单击 菜单(M) ▾ →"首选项"→"背景"选项，弹出"编辑背景"对话框，若要将背景改成白色，可按图 1-13 黑圈所示进行改动。

图 1-13

1.3.6　文件操作

1．建立一个新的部件文件

单击"文件"→"新建"选项，出现图 1-14 所示的对话框。在该对话框的黑圈项目中选择建模单位、输入建模文件名、选择文件存放的路径，然后单击"确定"按钮，即进入 UG NX 绘图界面。

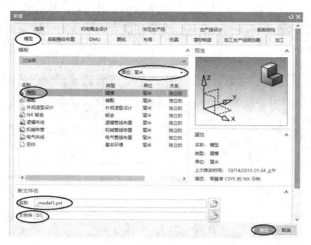

图 1-14

2．保存部件文件

单击"文件"→"保存"选项，即可将当前的文件保存，UG NX 文件保存的类型为后缀是.prt。另外，还可以输出不同的文件类型。例如，可以另存为供其他绘图软件打开的后缀名为.stp 或.igs 等类型文件，如图 1-15 所示。

图 1-15

1.3.7　鼠标

表 1-1 列出了标准鼠标键的使用，MB1 是鼠标左键，MB2 是鼠标中键（滚轮），MB3 是鼠标右键。

表 1–1　标准鼠标键的使用

鼠 标 按 键	动　　　作
MB1	选择菜单、对象和在对话框中的选项
MB2	确定
MB3	弹出快捷菜单

在图形窗口中，同时按住鼠标左、中两键移动，可以按住点为基准放大或缩小图形；同时按住鼠标右、中两键移动，可以左、右移动图形；按住鼠标中键（滚轮）移动，可以旋转图形；滑动滚轮，可以放大或缩小图形。

1.3.8　视图选项

在图形窗口中，单击鼠标右键，弹出快速视图菜单，如图 1-16 所示，可进行各种选择。

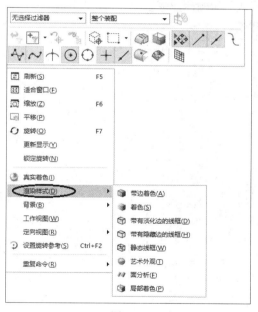

图 1-16

1.4　建模过程重点提示

（1）用参数化建模。

① 用草图，不用没有相关性的曲线。

② 不要用体素，最多仅作为基本的特征。

③ 不要用"编辑"→"变换"，用特征。

（2）用实体建模，曲面作为辅助体来切割实体。

（3）最好事先规划好层（Layer）的设置。

UG NX 可用 256 个层，通常规定见表 1-2，但也不必硬性遵循。

表 1–2　UG NX 的层

层	对　象	层	对　象
1 ~ 20	实体	61 ~ 80	基准
21 ~ 40	草图	81 ~ 100	片体
41 ~ 60	曲线		

（4）每完成一个阶段的主要工作，都必须用 Examine Geometry 检查几何数据的正确性。

1.5　绘制草图的重要提示

（1）草图尽可能地简单，以便于约束和修改。

（2）一般情况下，圆角和斜角不在 Sketch 里生成，而用特征来生成。

（3）草图是二维平面曲线，而不是三维空间曲线。

（4）每个草图最好仅形成一个封闭区域。

（5）优先考虑用特征建模。

第**2**章

常规形状实体建模实例

本章将以 38 个具有各种平面或规则曲面组合的实体建模为例，逐步讲解 UG NX 12.0 的各种命令以及命令的使用技巧。读者学完本章的全部实例以及完成本章的习题后，就能熟练地运用 UG NX 12.0 的各种建模命令绘制各种平面及规则曲面组合的实体三维图。

2.1 实例 1

绘制图 2-1 所示的草图。

1. 建立文件

（1）双击 UG NX 12.0 图标，启动 UG NX 12.0，出现 UG NX12.0 软件操作界面。

（2）单击视窗上部的"新建"按钮，弹出图 2-2 所示的对话框。输入文件名及所需保存文件的路径，并将对话框右上方的单位栏选定为毫米，如图 2-2 中黑圈所示，单击对话框中的"确定"按钮后，就建立了以"实例 1"为名的新文件并进入 UG NX 12.0 建模界面。

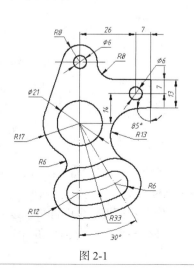

图 2-1

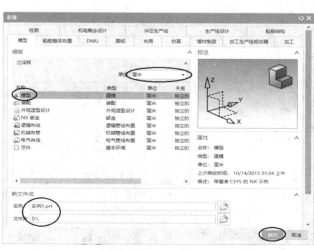

图 2-2

2. 创建草图

（1）单击视窗左上方 菜单(M) →"插入（S）"→"在任务环境中绘制草图"选项，弹出图 2-3 所示的"创建草图"对话框，将"平面方法"选项设为"自动判断"，然后点选 X-Y 基准面，再单击对话框中的"确定"按钮，进入草图绘制界面，如图 2-4 所示。

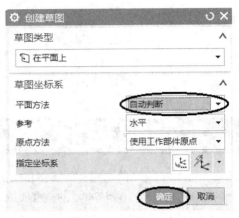

图 2-3

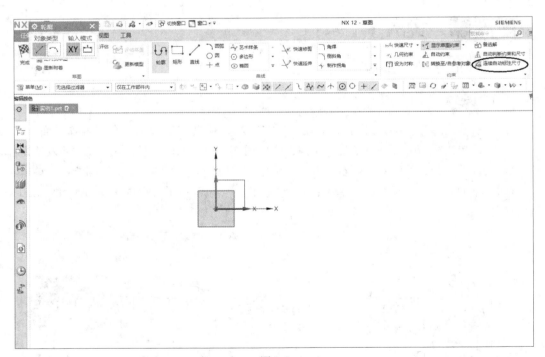

图 2-4

（2）此时，命令组的"轮廓"小图标 已自动点选上，用户可以开始绘制草图了。通常不要自动标注尺寸，所以需将命令组的最右边一个小图标 连续自动标注尺寸关闭（点虚）。

（3）伴随着"轮廓"小图标 命令，出现图 2-5 所示的"轮廓"对话框，可以进行连续的直线或圆弧的绘制。也可以点选其他小图标命令，如图 2-6 所示，进行单个的直线、圆和圆弧等形状的图形绘制。

图 2-5　　　　　　　　　　　　　图 2-6

（4）绘制好的图形一定要全约束，不能过约束或欠约束。若图形简单，则使用连续绘制图形的命令 ↳，将图形全部绘制完成后再进行形状约束和尺寸约束；若图形复杂，尤其对于初学者，这样的做法难以完成图形以及全部约束，所以初学者或者图形较复杂时，可以先绘制部分图形，进行部分形状、尺寸约束后，再绘制其余部分和其他约束。

3．绘制草图

（1）单击小图标 ○ 圆，以坐标原点为圆心绘制圆形，再单击小图标 ⊢┤ 快速尺寸标注尺寸，结果如图 2-7 所示。

（2）单击小图标 ／（直线），绘制右下方一条直线，然后单击小图标 ⌒ 圆弧，弹出图 2-8 所示的"圆弧"对话框，点选对话框中第二个小图标，即以圆心、弧上两点绘制圆弧。

图 2-7　　　　　　　　　　　　　图 2-8

（3）单击小图标 ⁄／ 几何约束，弹出图 2-9 所示的"几何约束"对话框，选项如黑圈所示，将圆弧的端点约束在 Y 轴上。

（4）单击小图标 ⊢┤ 快速尺寸，弹出图 2-10 所示的对话框，根据需要选择测量方法，标注尺寸，结果如图 2-11 所示。

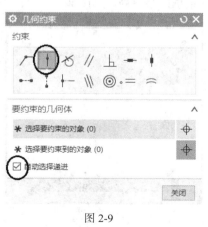

图 2-9

图 2-10

（5）单击小图标 ⤸ 转换至/自参考对象，弹出图 2-12 所示的对话框，选择圆弧和斜线，最后单击"确定"按钮，将圆弧和斜线转换为参考线，结果如图 2-13 所示。

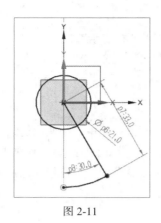

图 2-11

图 2-12

（6）绘制两个 φ6 圆并将一个圆的圆心约束在 Y 轴上，然后标注尺寸，图形如图 2-14 所示。

（7）单击小图标 ▚ 圆弧，弹出"圆弧"对话框，点选对话框中第二个小图标，即以圆心、弧上两点绘制圆弧，绘制如图 2-15 所示的图形。

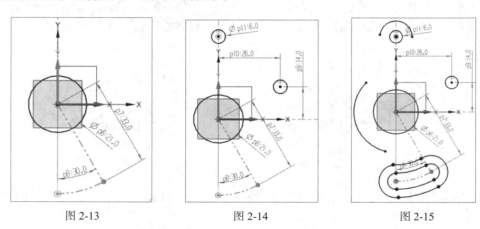

| 图 2-13 | 图 2-14 | 图 2-15 |

（8）单击小图标 ╮，连续加绘图 2-16 所示的图形。单击小图标 ╱，补上左边的斜直线，再单击小图标 ▚ 圆弧，弹出"圆弧"对话框，点选该对话框的第一项，如图 2-17 黑圈所示，即圆弧上的三点画弧，完成后的图形如图 2-18 所示。

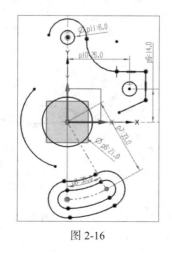

图 2-16

图 2-17

（9）单击小图标 ⫽△ 几何约束，弹出图 2-19 所示的"几何约束"对话框，勾选"自动选择递进"选项，如图中黑圈所示。然后将图中的圆弧与圆弧的接触点及直线与圆弧的接触点约束为相切，完成后关闭对话框，此时图形如图 2-20 所示。

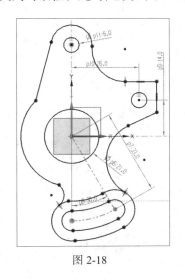

图 2-18

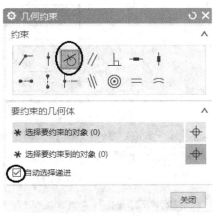

图 2-19

（10）单击小图标 ⊢╌┤ 快速尺寸标注尺寸，注意视窗上部约束提示"草图已完全约束"，最后的结果如图 2-21 所示。

（11）单击小图标 ⚑，完成草图的绘制。

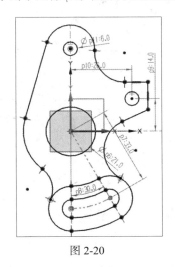

图 2-20

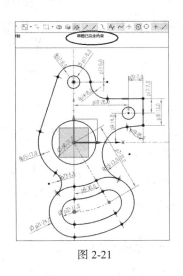

图 2-21

2.2 实例 2

绘制图 2-22 所示的三维模型。

1. 建立文件

（1）启动 UG NX 12.0，出现 UG NX12.0 软件操作界面。

实例 2

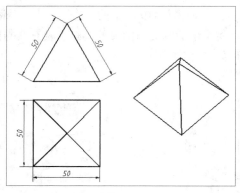

图 2-22

（2）单击视窗上部的"新建"按钮，弹出图 2-23 所示的对话框。输入文件名及所需保存文件的路径，并将对话框右上部位的单位栏选定为毫米，如图 2-23 中黑圈所示，单击对话框中的"确定"按钮后，就建立了以"实例 2"为名的新文件并进入 UG NX 12.0 建模界面。

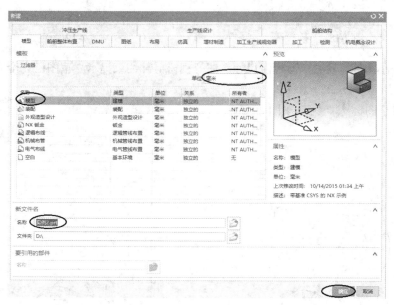

图 2-23

2. 拉伸草图成实体

（1）在图 2-24 所示的建模界面单击视窗左上角黑圈所示的 菜单(M) → "插入（S）" → "设计特征（E）" → "拉伸（X）"选项（或直接单击视窗上方工具条的小图标 ）（拉伸）。屏幕弹出图 2-25 所示的"拉伸"对话框，点选屏幕中的 X-Z 基准面，屏幕出现了绘制草图界面，绘制图 2-26 所示的图形。绘制完成后单击视窗上面的图标 完成草图，屏幕又回到"拉伸"对话框，选项如黑圈所示，单击对话框中的"应用"按钮，此时图形如图 2-27 所示。

（2）再点选 Y-Z 基准面，进入绘制草图界面，绘制图 2-28 所示的图形。完成绘制草图后，单击 完成草图 回到"拉伸"对话框，在对话框中将"指定矢量"选为 XC、"布尔"选为"相交"，如图 2-29 黑圈所示，然后单击"确定"按钮，完成建模过程。最后图形如图 2-30 所示。

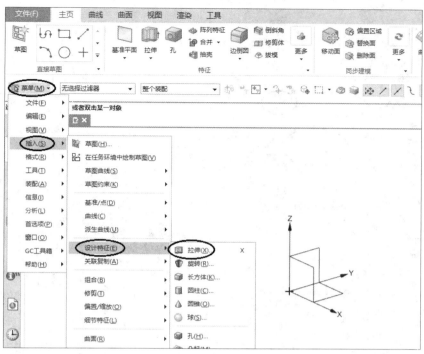

图 2-24

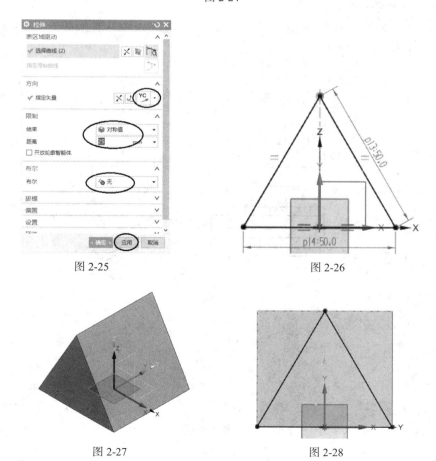

图 2-25

图 2-26

图 2-27

图 2-28

图 2-29

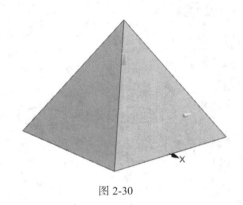

图 2-30

2.3 实例 3

实例 3

绘制图 2-31 所示的实体图形。

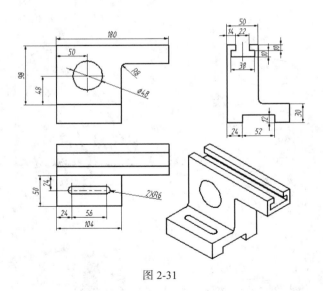

图 2-31

1. 建立文件

启动 UG NX 12.0，单击"新建"按钮，弹出"新建"对话框，输入文件名及所需保存文件的路径，并将对话框右上部位的单位栏选定为毫米，单击对话框中的"确定"按钮进入建模界面。

2. 拉伸草图成实体

（1）在图 2-24 所示的建模界面单击视窗左上角黑圈所示的 ≡ 菜单(M)→ "插入（S）" → "设计特征（E）" → "拉伸（X）" 选项（或直接单击视窗上方工具条的小图标 ▥（拉伸）），屏幕弹出 "拉伸" 对话框，点选屏幕中的 Y-Z 基准面，进入绘制草图界面。

（2）通常不要自动标注尺寸，所以将草图工具条的最右边的一个小图标 ▱ 关闭（点虚）。

（3）画出图 2-32 所示的草图，注意草图要全约束。绘制完成后单击视窗上面的图标 ▨完成草图 ，屏幕又回到 "拉伸" 对话框，在对话框中将 "指定矢量" 选为 XC、拉伸 "距离" 输入 180，如图 2-33 所示，然后单击 "应用" 按钮，完成的拉伸图形如图 2-34 所示。再点选屏幕中的 X-Z 基准面，又进入绘制草图界面，绘制图 2-35 所示的草图（底色是前面拉伸的实体），由于草图的长边和高度边与前面拉伸的实体边重合，自然约束了尺寸，因此该两项尺寸不需要标注，否则就是过约束了。在完成绘制草图后出现的 "拉伸" 对话框中，将 "指定矢量" 选为 XC、"布尔" 选为 "相交"，如图 2-36 黑圈所示，然后单击 "应用" 按钮，得出图 2-37 所示的图形。

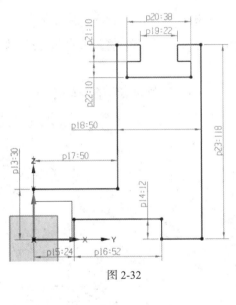

图 2-32

图 2-33

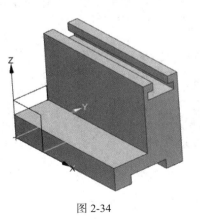

图 2-34

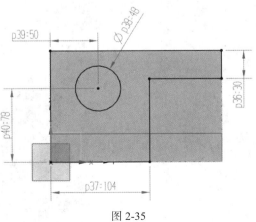

图 2-35

图 2-36

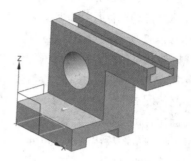

图 2-37

（4）再继续点选 X-Y 基准面，绘制图 2-38 所示的草图（底色是前面拉伸的实体）。在完成绘制草图后出现的"拉伸"对话框中，将"指定矢量"选为 ZC、"布尔"选为"减去"，如图 2-39 所示，然后单击"确定"按钮，得出图 2-40 所示的图形。

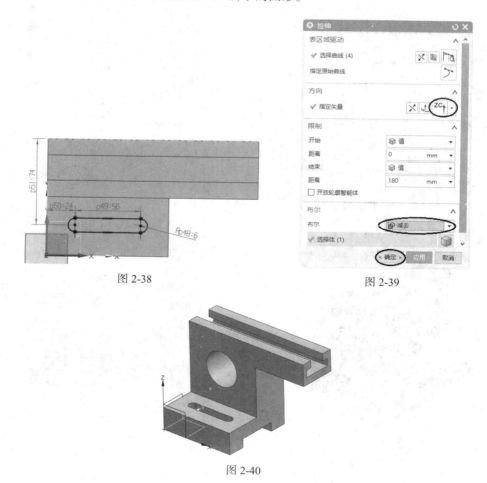

图 2-38

图 2-39

图 2-40

3．倒圆角

单击 菜单（M）▾→"插入（S）"→"细节特征（L）"→"边倒圆（E）"选项（或单击工具条中的小图标 （边倒圆））。在弹出的"边倒圆"对话框中"半径"输入 8，并选择需要倒圆的边，然后再单击"确定"按钮，如图 2-41 所示，最后单击"文件"→"保存"按钮，完成图 2-31 所示的图形的全部建模过程。

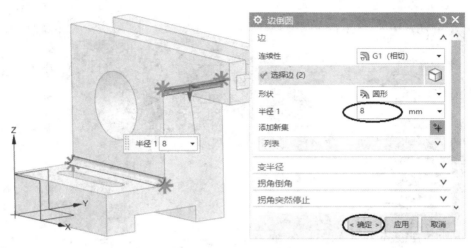

图 2-41

2.4　实例 4

实例 4

绘制图 2-42 所示的三维实体图。

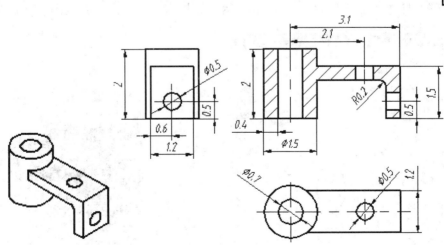

图 2-42

1. 建立文件

启动 UG NX 12.0，单击"新建"按钮，出现图 2-43 所示的对话框，输入文件名及所需保存文件的路径，并将对话框右上部位的单位栏选定为英寸，如图 2-43 中黑圈所示，单击对话框中的"确定"按钮后进入建模界面。

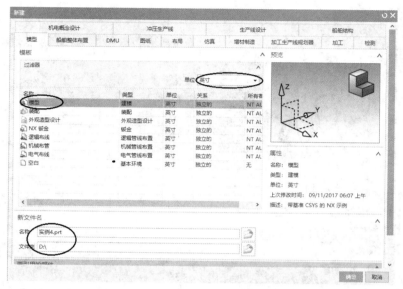

图 2-43

2. 创建圆柱体

单击视窗左上角的 菜单(M) → "插入（S）" → "设计特征（E）" → "圆柱（C）"选项，弹出图 2-44 所示的对话框，输入黑圈所示的数据，然后单击"确定"按钮，出现图 2-45 所示的图形。

图 2-44

图 2-45

3. 创建长方体

单击视窗左上角的 ☰ 菜单(M) ▾ → "插入（S）" → "设计特征（E）" → "长方体（K）"选项，弹出图 2-46 所示的对话框，输入图中黑圈所示的数据，然后单击对话框中的指定点图标 ⊞，接着弹出图 2-47 的对话框，输入图中黑圈所示的坐标点值，然后单击"确定" → "确定"按钮，出现图 2-48 所示的图形。

图 2-46

图 2-47

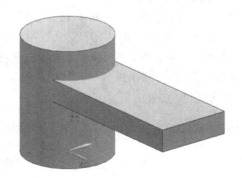

图 2-48

4. 增加凸台

单击视窗左上角的 ☰ 菜单(M) ▾ → "插入（S）" → "设计特征（E）" → "拉伸（X）"选项（或直接单击视窗上方工具条的小图标 ▥ （拉伸）），弹出"拉伸"对话框，然后点选图 2-49 所示的图形的平面，出现草图绘制界面，绘制图 2-50 所示的草图。完成草图绘制后单击视窗上面的图标 ▨完成草图，屏幕又回到"拉伸"对话框，在对话框里修改如图 2-51 黑圈所示的参数，然后单击"确定"按钮，完成拉伸图形，如图 2-52 所示。

图 2-49

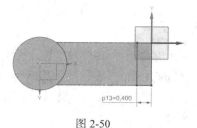

图 2-50

图 2-51

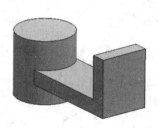

图 2-52

5. 打孔

（1）单击视窗左上角的 菜单(M) ▾→ "插入（S）" → "设计特征（E）" → "孔（H）"选项（或直接单击视窗上方工具条的小图标 （孔）），弹出图 2-53 所示的对话框，在对话框中输入黑圈所示的参数，然后选视图中圆柱的上表面边缘捕捉圆心，再单击"应用"按钮，完成圆柱上钻孔的操作。

（2）继续另一个孔的操作。在图 2-54 所示的"孔"对话框中将"直径"改为 0.5，然后选长方形图形的上表面作为孔的放置面，此时出现草图界面，然后标注点的位置尺寸，如图 2-55 所示，完成后再单击视窗上面图标 完成草图 ，在接着出现的"孔"对话框中单击"应用"按钮，即完成了长方形上平面钻孔的操作。图形如图 2-56 所示。

图 2-53

图 2-54

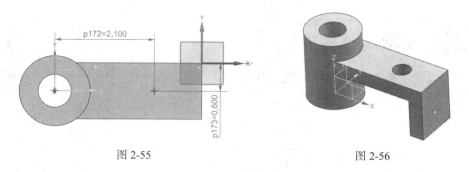

图 2-55　　　　　　　　　　　　　　　图 2-56

（3）以同样的方法利用"孔"命令，完成侧面钻孔的操作。要注意，在"孔"对话框中，孔的"深度限制"下拉选项为"直至下一个"选项，如图 2-57 中黑圈所示。完成的图形如图 2-58 所示。

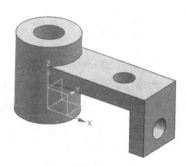

图 2-57　　　　　　　　　　　　　　　图 2-58

6．边倒圆

单击菜单(M) ▾→"插入（S）"→"细节特征（L）"→"边倒圆（E）"选项（或单击工具条中的小图标（边倒圆））。在弹出图 2-59 所示的"边倒圆"对话框中输入图中黑圈所示的数据，点选要倒圆的边，然后单击"确定"按钮，即完成了边倒圆的操作，最后单击"文件"→"保存"按钮。

图 2-59

2.5 实例 5

将图 2-60 所示的二维图绘制为三维实体图。

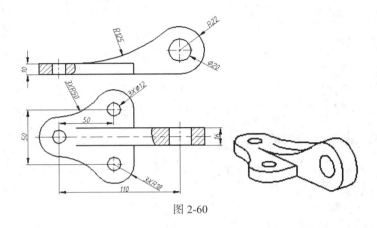

图 2-60

1. 拉伸草图成实体

单击视窗左上角的  菜单(M) ▼ →"插入(S)"→"设计特征(E)"→"拉伸(X)"选项（或直接单击视窗上方工具条的小图标 □ (拉伸)），屏幕弹出"拉伸"对话框。点选屏幕中的 X-Y 基准面，进入草图绘制界面，然后单击草图工具条中的连续自动标注尺寸命令图标 □ （即取消该命令）。

（1）在 X-Y 平面绘制图 2-61 所示的草图，完成草图绘制后，在弹出的"拉伸"对话框里拉伸"距离"输入 10，"指定矢量"选为 ZC，单击"应用"按钮后完成底面图形的建模。

（2）点选 X-Z 平面绘制图 2-62 所示的草图，完成草图绘制后，在弹出图 2-63 所示的"拉伸"对话框里输入对称距离 8，"指定矢量"选为 YC，单击"确定"按钮后得出图 2-64 所示的图形。

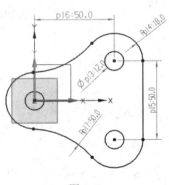

图 2-61

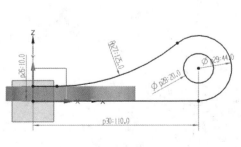

图 2-62

图 2-63

26

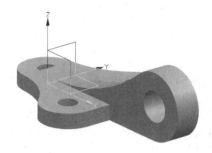

图 2-64

2. 修剪实体

单击视窗左上角的 ☰ 菜单(M) ▾ →"插入（S）"→"修剪（T）"→"修剪体（T）"选项（或单击工具条上的小图标 ▢ （修剪体）），弹出图 2-65 所示的"修剪体"对话框。先点选 X-Z 面上的实体作为修剪的目标体，然后按鼠标中键（代表"确认"），再将选项的类型选择改为如黑圈所示的"单个面"，然后点选孔作为修剪的工具面，如图 2-65 中的三维图形所示，最后单击"修剪体"对话框中的"确定"按钮，得出图 2-66 所示的图形。

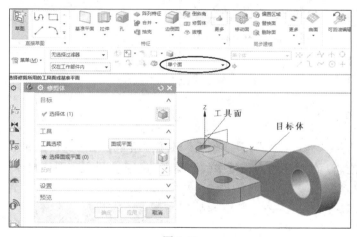

图 2-65

3. 求和

单击视窗左上角的 ☰ 菜单(M) ▾ →"插入（S）"→"组合体"→"求和"选项（或单击工具条上的小图标 ⬚ （合并）），出现"求和"对话框，点选图 2-66 所示的 X-Y 基准面和 X-Z 基准面的两个实体，然后单击对话框中的"确定"按钮，完成两个实体相加的操作。

图 2-66

2.6 实例 6

绘制图 2-67 所示的二维图形的三维实体图形。

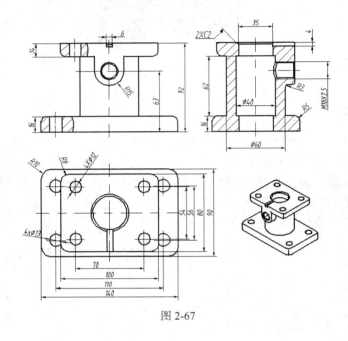

图 2-67

1. 绘制草图

单击 菜单(M)▼ → "插入（S）" → "在任务环境中绘制草图"选项，弹出"绘制草图"对话框，点选 X-Y 基准面，然后单击对话框中的"确定"按钮，进入草图绘制界面，绘制图 2-68 所示的草图。

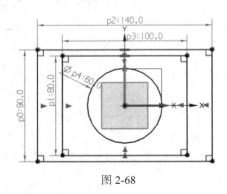

图 2-68

2. 拉伸成实体

（1）拉伸上盖板。

单击视窗左上角的 菜单(M)▼ → "插入（S）" → "设计特征（E）" → "拉伸（X）"选项（或直接单击视窗上方工具条的小图标 （拉伸）），弹出"拉伸"对话框，输入图 2-69 黑圈所示的数据。另外，在视窗选项条上选择"相连曲线"，然后点选草图的内矩形框线，再单击对话框中的"应用"按钮，拉伸出的图形如图 2-70 所示。

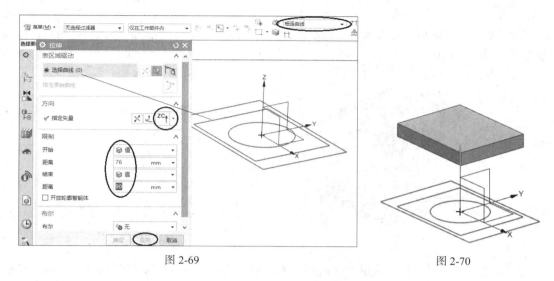

图 2-69　　　　　　　　　　　　　　　　　　图 2-70

（2）拉伸中间圆柱。

以同样的方法拉伸中间圆柱，点选中间圆轮廓线，拉伸值如图 2-71 所示对话框中的黑圈所示，单击"应用"按钮后，图形如图 2-72 所示。

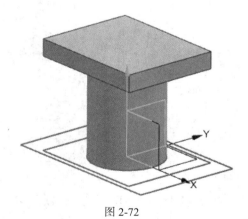

图 2-71　　　　　　　　　　　　　　　　　　图 2-72

（3）拉伸底座板。

再点选外矩形轮廓线，拉伸值改成 0.16，单击对话框中的"确定"按钮，完成实体拉伸，图形如图 2-73 所示。

3. 回转草图生成圆柱中间的阶梯孔

（1）单击 菜单(M)▼→"插入"→"设计特征"→"旋转"（或单击工具条上的小图标 ）选项，弹出"旋转"对话框，点选 X-Z 基准平面，进入草图绘制界面，将原实体图线框显示，然后绘制图 2-74 所示的草图。

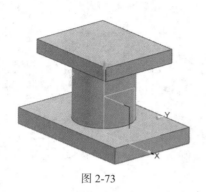

图 2-73

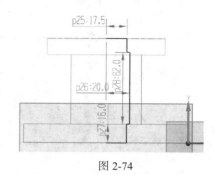

图 2-74

（2）草图绘制完成后单击视窗上面的图标 完成草图，屏幕又回到"旋转"对话框。在对话框里将"指定矢量"选为 ZC，回转角度为 360°，布尔下拉选项选为"减去"，如图 2-75 所示，旋转指定点选择如图 2-76 所示，然后单击"确定"按钮，完成中心阶梯孔的创建。

图 2-75

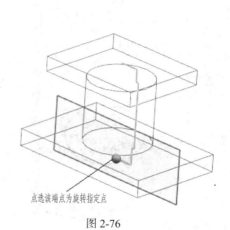

点选该端点为旋转指定点

图 2-76

4. 在底板打 $4 \times \phi 13$ 通孔及顶板 $4 \times \phi 12$ 通孔

（1）单击 菜单(M)▼"插入"→"设计特征"→"孔"选项（或单击工具条上的小图标 （孔）），出现图 2-77 所示的对话框。在对话框中输入黑圈所示的数值，然后选视图中图形底板的上表面，马上进入草图界面，标记打孔点的尺寸如图 2-78 所示。草图绘制完成后单击 完成草图 图标，回到图 2-77 所示的对话框，单击"确定"按钮，完成底板上 1 个钻孔的操作。

图 2-77

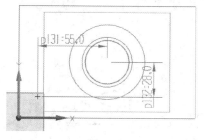

图 2-78

（2）单击 🔲 菜单(M) ▾ → "插入" → "关联复制" → "阵列特征（A）..." 选项，在弹出图 2-79 所示的对话框后，点选图形中要复制的孔，然后在对话框里输入或选择图中黑圈所示的数据和选项，再单击 "确定" 按钮，完成底板 4 个孔的创建，如图 2-80 所示。

图 2-79

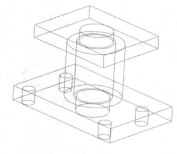

图 2-80

（3）单击 "插入" → "设计特征" → "孔"（或单击工具条上的小图标 🔲 （孔）） 选项，出现图 2-81 所示的对话框。在对话框中输入黑圈所示的数值，然后选视图中图形底板的上表面，马上进入草图界面，标记打孔点的尺寸如图 2-82 所示。草图绘制完成后单击 🏁 完成草图 图标，回到图 2-81 所示的对话框，单击 "确定" 按钮，完成顶板上 1 个钻孔的操作。

用同样的方法通过阵列命令，完成顶板 4 个孔的构建。

5. 构建侧面实体

（1）以侧面为基准绘制草图。

单击 🔲 菜单(M) ▾ → "插入" → "在任务环境中绘制草图" 选项，弹出图 2-83（a）所示的对话框，然后点选图形上面的长方体侧面，如图 2-83（b）所示。再单击"确定"按钮，进入草图绘制界面，绘制图 2-84 所示的草图，草图绘制完成后单击 完成草图 图标。

图 2-81   图 2-82

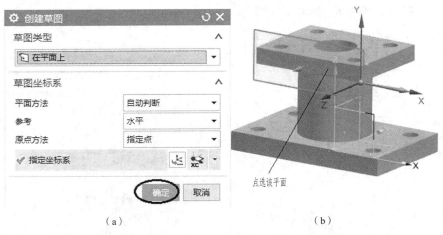

（a）   （b）

图 2-83

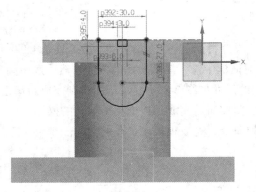

图 2-84

（2）拉伸侧面实体。

单击 菜单(M) ▾ →"插入"→"设计特征"→"拉伸"选项，弹出"拉伸"对话框，如图 2-85 所示。在视窗上部选项条中下拉选"相连曲线"，再选择草图的外围曲线，在"拉伸"对话框中选项如图 2-85 中黑圈所示，然后单击"应用"按钮，完成侧面实体构建，如图 2-86 所示。

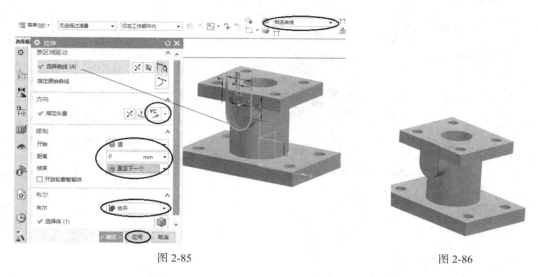

图 2-85　　　　　　　　　　　　　　　　　　图 2-86

此时"拉伸"对话框又回到原始状态，在视窗上部选项杆中下拉选"区域边界曲线"，再选择草图中的小方形拉伸，对话框中的选项如图 2-87 所示，单击"确定"按钮，完成顶部键槽的构建，结果如图 2-88 所示。

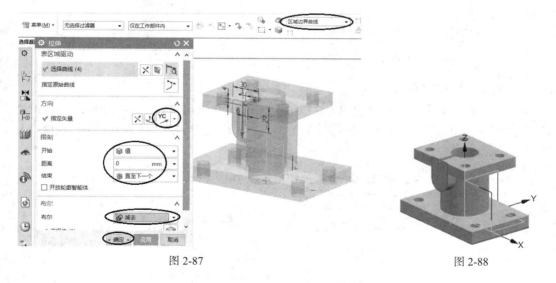

图 2-87　　　　　　　　　　　　　　　　　　图 2-88

为了图面整洁，可将实体移入另一个图层，然后再单独显示实体的图层。

首先单击选项卡菜单栏的"视图"按钮，再单击小图标 移动至图层，弹出"类选择"对话框，点选实体图形，如图 2-89 所示。然后单击对话框中的"确定"按钮，弹出"图层移动"对话框，在目标图层或类别框中输入 2，如图 2-90 所示，然后单击"确定"按钮，这样将实体移到第 2 图层。再单击 图层设置小图标，弹出"图层设置"对话框，双击图层 2 项，去掉图层 1 的勾选，然后关闭图层对话框，如图 2-91 所示，此时视窗中的图形如图 2-92 所示。

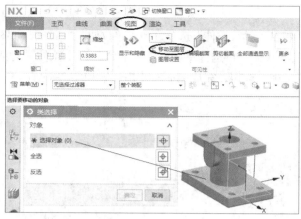

图 2-89

图 2-90

图 2-91

图 2-92

（3）创建 M18×2.5 螺纹。

回到"主页"选项卡（在菜单栏单击"主页"按钮），单击 🖹 菜单(M)▾→"插入"→"设计特征"→"孔"（或单击工具条上的小图标 🞂（孔））选项，出现图 2-93 所示的对话框，选项输入如图中黑圈所示。

图 2-93

单击 菜单(M) ▾ →"插入"→"设计特征"→"螺纹"选项，弹出"螺纹"对话框，再点选螺纹孔→图形侧面，弹出图 2-94 所示的对话框。单击"确定"按钮后弹出如图 2-95 所示的对话框，然后输入图中黑圈所示的数据，再单击"确定"按钮，完成螺纹的创建。

图 2-94

图 2-95

6. 倒斜角及倒各个圆角

（1）倒斜角。

单击 菜单(M) ▾ →"插入"→"细节特征"→"倒斜角"选项，弹出"倒斜角"对话框，输入图 2-96 中黑圈所示的数据，然后选图形要倒斜角的边，再单击"确定"按钮，完成倒斜角的创建。

（2）倒圆角。

利用"插入"→"细节特征"→"边倒圆"选项，步骤同前面几个倒圆角例子，完成各个圆角的创建。

最后的图形如图 2-97 所示。

图 2-96

图 2-97

2.7　实例 7

绘制图 2-98 所示图形的三维实体图。

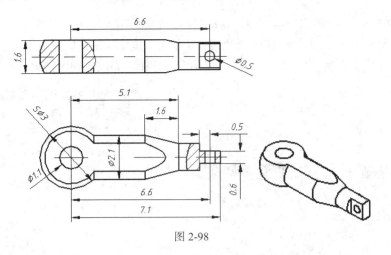

图 2-98

（1）进入 UG 建模界面后，单击视窗左上角  菜单(M)▼→"插入"→"设计特征"→"球"
（或单击工具条上的小图标 ）选项，出现图 2-99 所示的"球"对话框，输入图中黑圈所示的数
据，然后单击"确定"按钮，此时视图中就出现了球的图形。

图 2-99

（2）单击 菜单(M)▼→"插入"→"设计特征"→"圆柱"选项，弹出图 2-100 所示的对话
框，选项及输入数据如图中黑圈所示，然后单击"确定"按钮，出现图 2-101 所示的图形。

图 2-100   图 2-101

（3）单击 ☰ 菜单(M) ▾ →"插入"→"设计特征"→"圆锥"选项，弹出图 2-102 所示的对话框。点选"指定矢量"XC，然后点选"指定点"，选择圆柱图形的上表面圆心，再输入图中黑圈所示的数据并选择合并布尔运算，最后单击"确定"按钮，加入圆锥体。

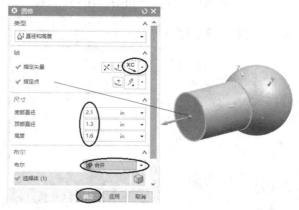

图 2-102

（4）使用拉伸命令，将圆锥顶面拉伸 1，参数及选项如图 2-103 中黑圈所示。

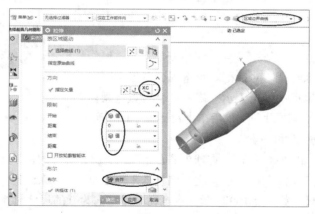

图 2-103

（5）修改视窗上部选项条的选项为"特征曲线"，如 特征曲线 ▾ ，再点选圆柱顶面，进入草图绘制界面，绘制图 2-104 所示的草图，完成草图绘制后拉伸长度为 1，完成后的图形如图 2-105 所示。

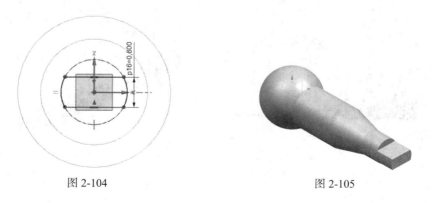

图 2-104　　　　　　　　　　图 2-105

37

（6）单击 菜单(M)▼→"插入"→"基准/点"→"基准平面"选项，弹出"基准平面"对话框。点选图形中的 X-Y 基准平面，弹出图 2-106 所示的对话框，输入用于黑圈所示的数据，然后单击"确定"按钮，这样就在距离原点 0.8 处建立了一个基准平面。若看不见新建的基准平面，则将图形线框显示，就可以见到新建的基准平面，如图 2-107 所示。

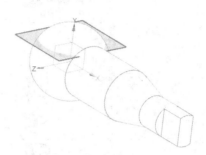

图 2-106   图 2-107

（7）单击 菜单(M)▼→"插入"→"修剪"→"修剪体"选项，出现"修剪体"对话框，先选实体图形作为目标体，点击鼠标中键后再选新建的基准平面作为刀具，然后单击对话框中的"确定"按钮，此时的图形如图 2-108 所示。

（8）单击 菜单(M)▼→"插入"→"关联复制"→"镜像特征"选项，弹出"镜像特征"对话框。点选视窗图形中刚修剪出的平面，然后点击鼠标中键（表示"确定"），再点选视窗图形中基准坐标系的 X-Y 基准平面，最后单击对话框中的"确定"按钮，完成另一个修剪平面的操作。

图 2-108

（9）使用打"孔"命令 （孔），在球头平面上打一个 $\phi1.1$ 英寸的孔，打孔位置捕捉圆弧中心。

（10）使用打"孔"命令 （孔），在小圆柱的平面上打一个 $\phi0.5$ 英寸的孔，当进入草图界面时，打孔点定位的尺寸如图 2-109 所示，注意在标注 Y 向为 0 的尺寸时要捕捉到圆台中心。

（11）为了图面整洁，可将新建的基准平面移入 62 层，再将 61、62 图层关闭。也可以单击鼠标选中基准坐标以及新建基准平面，然后单击鼠标右键，弹出下拉菜单，单击"隐藏"即可，此时视窗中的图形如图 2-110 所示。

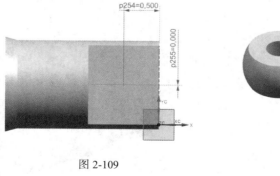

图 2-109   图 2-110

2.8　实例 8

绘制图 2-111 所示的三维实体图。

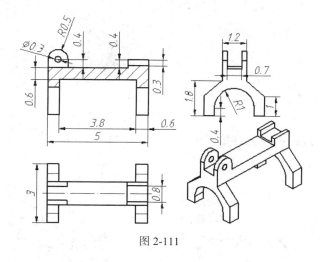

图 2-111

1. 创建主体

（1）单击 ☰ 菜单(M) ▾ →"插入"→"设计特征"→"拉伸"（或单击工具条上的小图标 ▥▥（拉伸））选项，在 X-Z 基准平面绘制图 2-112 所示的草图。

（2）在草图环境下单击 ☰ 菜单(M) ▾ →"插入"→"来自曲线集的曲线"→"镜像曲线"选项，弹出"镜像"对话框。选取右边的草图曲线，然后点击鼠标中键（表示"确定"），再选取中间的 Y 轴，最后单击对话框中的"确定"按钮，完成图 2-113 所示的草图绘制。

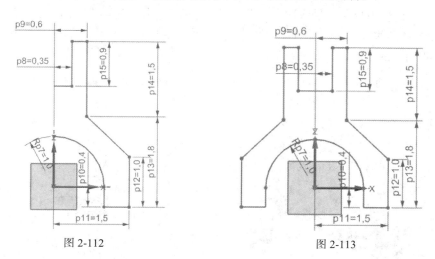

图 2-112　　　　　　　　　图 2-113

（3）然后，在"拉伸"对话框中输入拉伸"距离"为 5，单击对话框中的"应用"按钮后，选 Y-Z 基准平面，绘制图 2-114 所示的草图。完成草图后又回到"拉伸"对话框，输入数据及选项如图 2-115 中黑圈所示，最后单击"确定"按钮，完成的图形如图 2-116 所示。

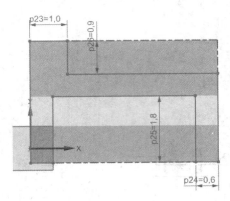

图 2-114

图 2-115

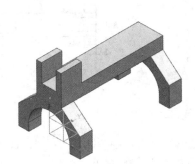

图 2-116

2. 创建槽块

（1）单击 菜单(M)▼ → "插入" → "设计特征" → "拉伸" 选项，弹出 "拉伸" 对话框。点选图 2-117 所示的边缘线，在 "拉伸" 对话框中输入参数，如图 2-118 中黑圈所示，然后单击 "应用" 按钮，视窗中的图形如图 2-119 所示。

点选该边缘线拉伸

图 2-117

图 2-118

（2）继续点选刚创建的方形垫块的一个侧边缘线，修改"拉伸"对话框中的参数，如图 2-120 中黑圈所示，然后单击对话框中的"应用"按钮。再点选方形垫块另一个侧边缘线，参数的选择如图 2-120 所示。最后单击"确定"按钮，完成的图形如图 2-121 所示。

图 2-119

图 2-120

3. 其他

使用"边倒圆"命令 ，完成两个 R0.5 半圆的操作。

使用打"孔"命令 ，完成 $\phi 0.3$ 的通孔操作。最后的图形如图 2-122 所示。

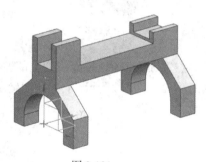

图 2-121

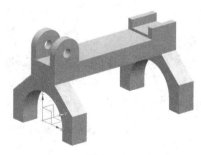

图 2-122

2.9　实例 9

实例 9

绘制图 2-123 所示的二维图形的三维实体图。

1. 构建圆柱等实体

（1）单击 菜单(M) ▼→"插入"→"设计特征"→"圆柱"选项，弹出图 2-124 所示的"圆柱"对话框，输入其中黑圈所示的数据或选项，然后单击"确定"按钮，出现图 2-125 所示的图形。

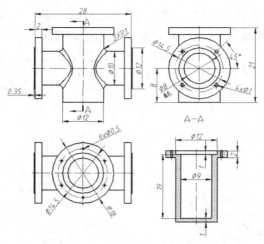

图 2-123

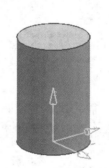

图 2-124　　　　　　　　　　　　　　　　　图 2-125

（2）使用"拉伸"命令 ，弹出"拉伸"对话框。点选圆柱顶面（注意视窗上部过滤选项为 区域边界曲线 ▼ ），然后在对话框中输入参数，如图 2-126 中黑圈所示，再单击"确定"按钮，完成的图形如图 2-127 所示。

图 2-126　　　　　　　　　　　　　　　　　图 2-127

（3）再单击"圆柱" 命令，在弹出的图 2-128 所示的对话框中选择和输入黑圈所示的参数。

点选指定点黑圈后，出现图 2-129 所示的"点"对话框，输入黑圈所示的数据或选项，然后单击"确定"→"确定"按钮，此时的图形如图 2-130 所示。

（4）使用"拉伸" 命令，在刚建好的圆柱上增加直径 $\phi18$ 高为 2 的圆台，然后在"拉伸"对话框中做如图 2-131 所示的黑圈中参数的改动，在刚建好的圆台上增加直径为 12、高为 0.35 的圆台，如图 2-132 所示。

图 2-128

图 2-129

图 2-130

图 2-131

2. 构建孔

（1）单击"孔" 命令，弹出"孔"对话框。输入打孔直径为 0.5 及打孔深度"贯通体"，然后选择顶面作为打孔表面，从而进入草图界面。为看得清楚，将原实体图线框显示，标注打孔点位置尺寸如图 2-133 所示，单击 完成草图 图标，再单击"确定"按钮，完成打孔操作。

图 2-132

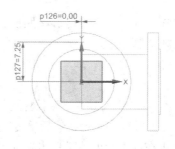

图 2-133

（2）单击 菜单(M) ▼ →"插入"→"关联复制"→"阵列特征"选项，弹出图 2-134 所示的对话框，点选图形上的小孔，然后输入黑圈中的选项及数据，再点选图形圆台的圆心指定点，最后单击"确定"按钮。此时，就完成了上表面六个小孔的复制操作，如图 2-135 所示。

图 2-134

图 2-135

（3）再次单击"孔" 命令，弹出"孔"对话框。输入孔直径 1 数据后，鼠标移至打孔面，稍稍移动。当中心出现基准坐标时，如图 2-136 所示，单击打孔面，进入草图界面，标注定位的尺寸如图 2-137 所示，尺寸可直接输入 7*sin(45)，则自动算出 4.95，单击 完成草图 图标，再单击"确定"按钮。此时，就完成了侧面打孔的操作。

图 2-136

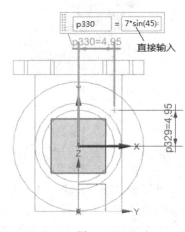

图 2-137

（4）使用"阵列特征" 命令，按照顶面复制孔的方法，对话框选项如图 2-138 所示，完成侧表面 4 个小孔的复制操作。

3. 镜像

单击 菜单(M) ▼ →"插入"→"关联复制"→"镜像几何体"选项，弹出"镜像几何体"对话框。点选右半部分的圆柱和圆台，然后单击鼠标中键（表示"确定"），再点选 Y-Z 基准平面（若看不到基准面，则在部件导航器里单击鼠标右键，单击"基准坐标系"→"显示"选项），最后单击"确定"按钮，完成镜像体的操作，图形如图 2-139 所示。

使用"合并" 命令，将上述图形的 3 个圆柱、台相加成一个实体。

图 2-138

图 2-139

4. 打孔及倒圆角

（1）打顶面孔，使用"孔"命令，对话框中的参数如图 2-140 所示。

（2）使用"孔"命令，构建侧面 $\phi9$ 通孔。

（3）使用"边倒圆"命令，将两段 $R1$ 的圆角及两段 $R0.5$ 的圆角完成。完成的图形如图 2-141 所示。

图 2-140

图 2-141

2.10 实例 10

绘制图 2-142 所示的二维图形的三维实体图。

实例 10

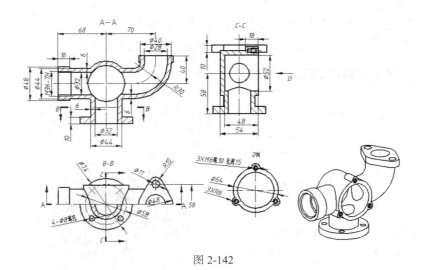

图 2-142

1. 创建管道

（1）绘制草图。

单击 菜单(M) → "插入" → "在任务环境中绘制草图" 选项，点选 X-Z 基准面,然后单击对话框中的 "确定" 按钮，进入草图绘制界面，绘制图 2-143 所示的草图（注意水平直线由两段构成），草图绘制完成后单击 完成草图 图标，完成草图的绘制。

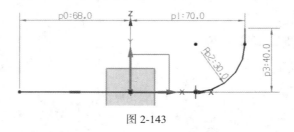

图 2-143

（2）扫掠成管道。

单击 菜单(M) → "插入" → "扫掠" → "管" 选项，弹出 "管" 对话框，如图 2-144 所示。输入图中黑圈所示的数据。另外，将视窗上部选项栏选为 单条曲线 ，然后点选左边一段水平直线，单击 "应用" 按钮，此时左边出现了一段管道。再改动图 2-145 所示对话框中黑圈的

图 2-144

图 2-145

尺寸，然后点选右边水平直线、圆弧及竖直线，最后单击"确定"按钮，完成管道构建，如图 2-146 所示。

图 2-146

（3）创建基座管道。

使用"圆柱"命令，在弹出的图 2-147 所示的对话框中输入黑圈所示的数据，完成后的图形 如图 2-148 所示。

图 2-147　　　　　　　　　　　　　　　　　　图 2-148

再使用"圆柱"命令，在弹出的图 2-149 所示的对话框中输入黑圈所示的数据，完成后的图 形如图 2-150 所示。

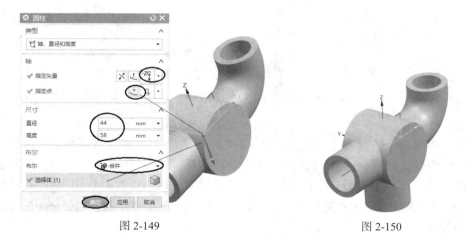

图 2-149　　　　　　　　　　　　　　　　　图 2-150

使用"拉伸"命令，弹出图 2-151 所示的"拉伸"对话框，点选竖直圆柱的底面边缘圆形 线，输入黑圈所示的数据，然后单击"确定"按钮，完成的图形如图 2-152 所示。

图 2-151

图 2-152

使用"孔" 命令，弹出图 2-153 所示的对话框，数据及参数如图中黑圈所示，点选大圆柱中心，然后单击对话框中的"确定"按钮，完成中心孔的构建。再改动参数，如图 2-154 所示，点选竖直圆柱中心，然后单击"确定"按钮，完成孔的创建，如图 2-155 所示。

图 2-153

图 2-154

单击 菜单(M) ▼ → "插入（S）" → "修剪（T）" → "修剪体（T）"（或单击工具条上的小图标 （修剪体））选项，弹出"修剪体"对话框。点选中间的圆柱体作为目标，单击鼠标中键（表示"确定"）后，再点选管道内孔表面（φ32 内孔和 φ28 内孔以及两个不同直径孔相接的孔端面）。另外，将视窗上部选项栏选为 相切面 ▼，然后单击对话框中的"应用"按钮，完成对圆柱体的横向孔修剪。

在以横向弯管为目标，以 φ52 孔柱面和孔底面以及竖直圆柱内孔面为工具，对弯管进行修剪，完成后的图形如图 2-156 所示。

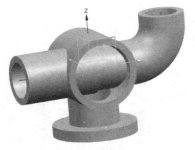

图 2-155　　　　　　　　　　　　　图 2-156

2. 创建接口面

（1）螺纹接口。

使用"拉伸"命令，将左边管道边缘环行线往里拉伸 16 mm 并偏置 2 mm，完成后的图形如图 2-157 所示。

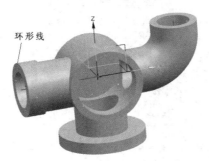

图 2-157

单击 菜单(M) → "插入" → "设计特征" → "螺纹"选项，弹出"螺纹切削"对话框后，点选左边的管道孔，然后输入图 2-158 中黑圈所示的数据，再单击"确定"按钮。此时，就完成了螺纹的创建，如图 2-159 所示。

图 2-158　　　　　　　　　　　图 2-159

（2）端面螺孔。

使用"圆柱"命令，弹出"圆柱"对话框，参数的选择如图 2-160 中黑圈所示，点选端面圆的最高点，然后单击"确定"按钮。此时，就完成了一个螺孔座的构建，如图 2-161 所示。

图 2-160

图 2-161

使用"孔"命令，弹出图 2-162 所示的对话框，输入如黑圈所示的参数，然后点选小圆柱的中心，再单击对话框中的"确定"按钮，完成螺纹孔的构建。

图 2-162

使用 菜单(M) ▾ →"插入"→"关联复制"→"阵列特征"命令，弹出图 2-163 所示的"阵列特征"对话框。点选小圆柱及螺纹孔，输入如图中黑圈所示的参数，然后单击对话框中的"确定"按钮。完成后的图形如图 2-164 所示。

图 2-163

图 2-164

（3）弯管顶面联接盘。

使用"拉伸"命令，在弯管顶面绘制图 2-165 所示的草图，完成草图绘制后回到图 2-166 所示的"拉伸"对话框，输入如图黑圈所示的数据，单击对话框中的"确定"按钮，完成后的图形如图 2-167 所示。

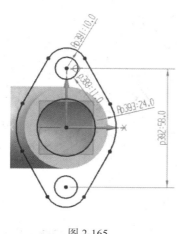

图 2-165

图 2-166

（4）底座 4 个螺栓孔。

使用"孔"命令和"阵列特征"命令，完成底座 4 个螺栓孔的创建，最后的图形如图 2-168 所示。

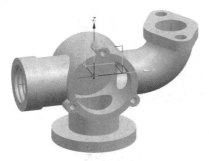

图 2-167

图 2-168

2.11　实例 11

实例 11

绘制图 2-169 所示的二维图形的三维实体图。

1．拉伸草图成实体

使用"拉伸" 命令，在进入草图界面后，绘制图 2-170 所示的草图。完成草图绘制后，在"拉伸"对话框输入拉伸距离为 2，完成拉伸后的图形如图 2-171 所示。

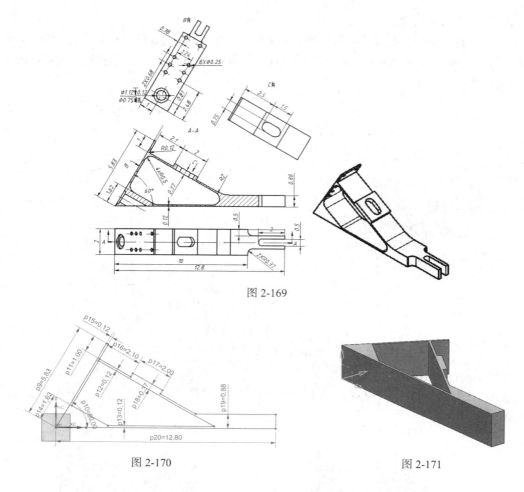

图 2-169

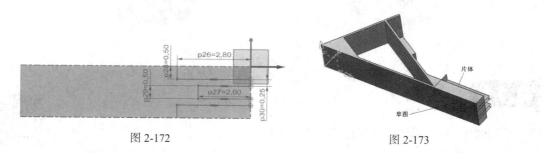

图 2-170   图 2-171

2. 开槽

（1）使用"拉伸"命令，在图形底面绘制图 2-172 所示的草图，然后拉伸成片体，如图 2-173 所示。

图 2-172   图 2-173

（2）使用"修剪体" ⬜ 命令，将实体修剪成图 2-174 所示的图形。

（3）为了使图形简洁，单击选项卡栏"视图"按钮，再单击 🔹 移动至图层 按钮，将片体移至另外图层，如 100 层，然后单击 ▦ 图层设置 按钮，在对话框中去掉 100 层前的勾选，即关闭了 100 层。再使用"边倒圆" ◻ 命令，按照 $2 \times R0.37$ 和 $2 \times R0.25$ 尺寸倒圆刚开的槽，结果如图 2-175 所示。

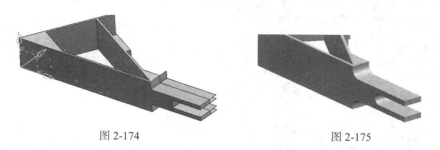

图 2-174   图 2-175

（4）使用"拉伸"命令，绘制键槽草图拉伸并勾选"减去"选项（或使用老版本中的"键槽" ▦ 命令），开键槽如图 2-176 所示。

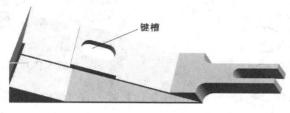

图 2-176

3．构建孔

（1）打一个小孔及沉头孔。

使用"孔" ▦ 命令，打 $\phi0.25$ 孔。同样使用"孔"命令，打沉头孔。需要注意的是，当出现 "孔"对话框时，选项及数据输入如图 2-177 所示，其他操作同打普通孔的操作，完成后的图形如 图 2-178 所示。

图 2-177   图 2-178

（2）复制孔。

单击 ▦ 菜单(M) ▾ →"插入"→"关联复制"→"阵列特征"选项，弹出图 2-179 所示的对话 框。点选图形上的小孔后单击鼠标中键，选择如图 2-180 所示的方向 1 指定矢量，在对话框中输 入黑圈所示的数据或选项后，再选择方向 2 指定矢量，输入黑圈所示的数据或选项后，单击对话 框中的"确定"按钮。此时，就完成了 6 个小孔的线性排列复制操作，图形如图 2-181 所示。

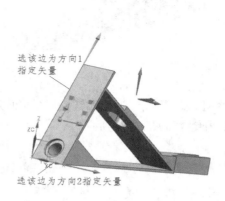

选该边为方向1指定矢量

选该边为方向2指定矢量

图 2-179

图 2-180

再次使用"阵列特征"  命令，弹出图 2-182 所示的对话框。然后选上面两个小孔，注意在选择时要将鼠标在孔上停留几秒，出现 3 个小点后再单击鼠标，弹出"快速拾取"对话框，选第 2 项即可选中要复制的孔，如图 2-183 所示。图 2-182 选项及数据如黑圈所示，方向 2 的"勾选"要去掉。单击对话框中的"确定"按钮，就完成了最上面两个孔的复制操作。

然后使用"边倒圆"命令，将所有具有圆角的部位倒圆。最后形成如图 2-184 所示的实体图型。

图 2-181

图 2-182

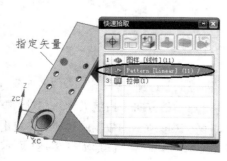

指定矢量

图 2-183

图 2-184

2.12 实例 12

实例 12

绘制图 2-185 所示的二维图形的三维实体图

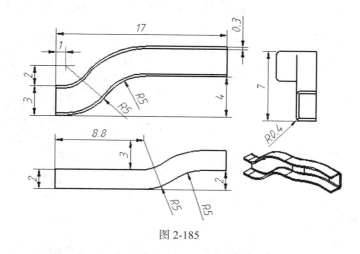

图 2-185

1. 拉伸实体

（1）使用"拉伸"命令，在 X-Z 基准面绘制图 2-186 所示的草图。完成草图后在对话框输入黑圈所示的数据及选项，如图 2-187 所示，单击"应用"按钮后，完成如图 2-188 所示的图形。

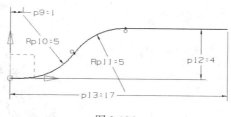

图 2-186

图 2-187

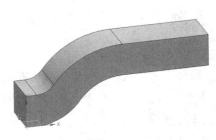

图 2-188

（2）继续在 X-Y 基准面绘制图 2-189 所示的草图，完成草图绘制后回到对话框，输入图 2-190 中黑圈所示的数据及选项，单击对话框中的"确定"按钮，完成实体构建。

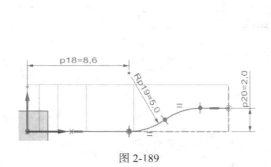

图 2-189

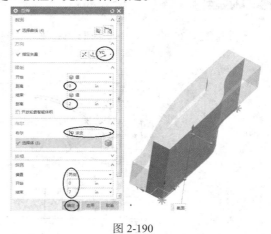

图 2-190

2. 抽壳及倒圆角

使用 菜单(M) ▾ →"插入"→"偏置/缩放"→"抽壳"命令（或单击工具条上的小图标 （抽壳））, 出现图 2-191 所示的对话框。选择实体上需要开槽的 3 个表面, 再输入图 2-191 中黑圈所示的数据, 然后单击"确定"按钮, 出现图 2-192 所示的图形。

图 2-191

图 2-192

最后使用"边倒圆" 命令，完成槽内外棱角的倒圆操作。

2.13 实例 13

绘制图 2-193 所示的实体图形。

实例 13

（1）建立新部件文件，单位为毫米，然后进入建模模块。

（2）使用"拉伸"命令，在 X-Z 平面画出图 2-194 所示的草图。注意要使用 转换至/自参考对象命令将草图的角度线转变为参考线，在"拉伸"对话框里，选项及数据如图 2-195 中黑圈所示，完成后的图形结果如图 2-196 所示。

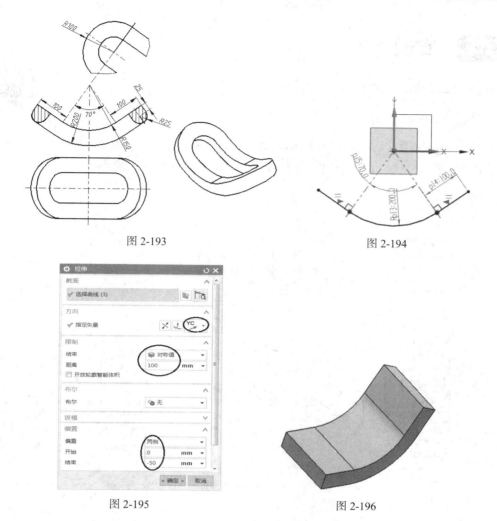

图 2-193

图 2-194

图 2-195

图 2-196

（3）利用"边倒圆"命令，选择侧面的四条边，半径为 100 mm，进行边倒圆，结果如图 2-197 所示。

（4）利用"抽壳"命令，上、下表面为冲孔的面，厚度为 50 mm，抽壳得到如图 2-198 所示的实体。

（5）利用"边倒圆"命令，半径为 25 mm，进行边倒圆，完成的图形如图 2-199 所示。

图 2-197

图 2-198

图 2-199

2.14 实例14

实例 14

绘制图 2-200 所示的实体图形。

1. 拉伸草图成实体

（1）单击 菜单(M) ▾ →"插入"→"在任务环境中制草图"选项，弹出"创建草图"对话框。点选 X-Y 基准平面，然后单击对话框中的"确定"按钮，进入草图绘制界面，绘制图 2-201 所示的草图。

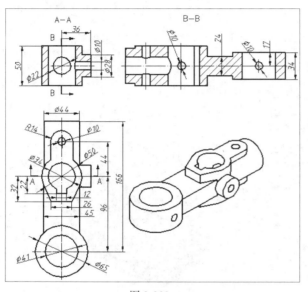

图 2-200

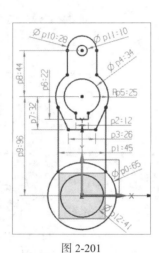

图 2-201

（2）使用"拉伸"命令，弹出"拉伸"对话框。然后将视窗上部的选项条下拉选为"区域边界曲线"，如图 2-202 所示，再点选草图中的 φ65 圆环面，接着修改"拉伸"对话框的参数如图 2-203 中黑圈所示，然后单击对话框中的"应用"按钮。

图 2-202

图 2-203

（3）不退出对话框，选择图形中间部分，如图 2-204 中封闭曲线区域所示，并修改对话框参数，如图 2-205 所示，再次单击"应用"按钮。

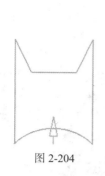

图 2-204

图 2-205

（4）选择草图中剩余的区域，其对话框参数类似，只是修改"距离"编辑框的值为 25 mm，单击"确定"按钮，图形窗口如图 2-206 所示。

2．创建顶部带孔圆柱体结构

（1）使用"拉伸"命令，选择 X-Z 基准平面，绘制图 2-207 所示的草图。完成草图绘制后，在"拉伸"对话框输入黑圈所示的数据及选项，如图 2-208 所示，再单击"确定"按钮，完成顶部圆柱体的构建。

图 2-206

图 2-207

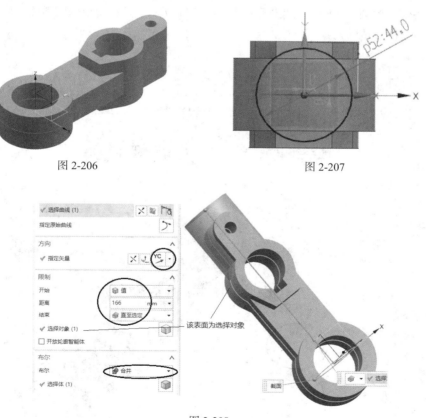

图 2-208

（2）使用"孔" 命令，孔直径 $\phi 22$，深度结束为"直至选定"，选定的表面是键槽孔的表面，如图 2-209 所示，完成顶部圆的打孔操作。

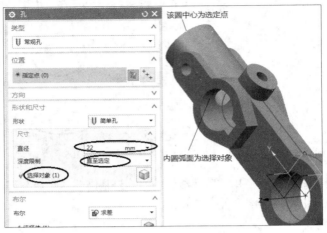

图 2-209

3. 创建右边圆柱体及孔

（1）使用"拉伸"命令，选 Y-Z 基准平面，绘制图 2-210 所示的草图。完成草图绘制后在"拉伸"对话框中输入黑圈所示的数据及选项，如图 2-211 所示，选择对象为圆弧面，单击"确定"按钮，完成右边圆柱体的构建。

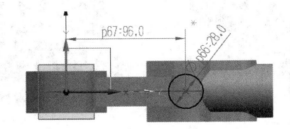

图 2-210

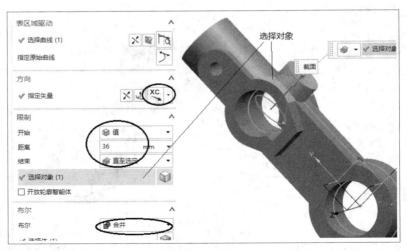

图 2-211

（2）使用"孔" 命令，完成侧部圆台 ϕ10 的打孔操作。

（3）使用"孔" 命令，在弹出"孔"对话框后，点选打孔点为基准坐标系的中心点，输入黑圈所示的数据及选项，如图 2-212 所示，然后单击"确定"按钮，完成打孔操作。

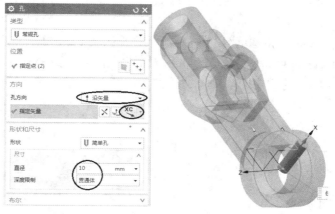

图 2-212

（4）单击选项卡栏"视图"按钮，再单击 移动至图层 按钮，将实体移至另外图层，如第 2 层，然后单击 图层设置 按钮，在对话框中将第 2 层设为工作层，关闭其他图层，最终的图形如图 2-213所示。

图 2-213

2.15 实例 15

实例 15

绘制图 2-214 所示的实体图形。

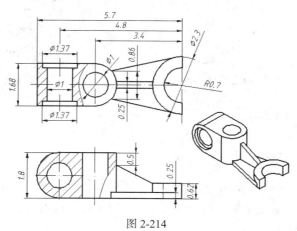

图 2-214

1. 拉伸主视图成实体

（1）单击 菜单(M) ▼ → "插入" → "在任务环境中绘制草图"选项，弹出"创建草图"对话框。点选 X-Y 基准平面，然后单击对话框中的"确定"按钮，进入草图绘制界面，绘制图 2-215 所示的草图。

（2）使用"拉伸"命令，点选草图中的左半封闭图形区域（点选前将视窗上部的选项条下拉为"区域边界曲线"，如 区域边界曲线 ▼ ），在对话框选拉伸矢量并输入拉伸距离，如图 2-216 中黑圈所示，然后单击"应用"按钮。

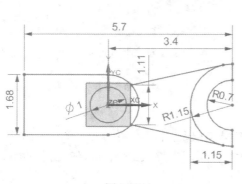

图 2-215

图 2-216

（3）不退出对话框，选择图 2-193 所示草图的中间封闭曲线，并修改对话框参数，如图 2-217 所示，再次单击"应用"按钮。

（4）不退出对话框，将对话框的拉伸结束距离改为 0.62，布尔选择"合并"，单击"确定"按钮，此时视窗中的图形如图 2-218 所示。

图 2-217

图 2-218

2. 构建中间加强筋

（1）使用"拉伸"命令，选择 Y-Z 基准平面，进入草图绘制界面，再单击 菜单(M) ▼ → "插入" → "配方曲线" → "相交曲线"选项，弹出图 2-219 所示的对话框。然后点选实体图形的高圆弧面、底板上表面、低圆弧面，就出现了与 Y-Z 基准面相交的 3 根交线，如图 2-220 所示，再单击"确定"按钮。

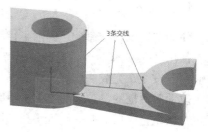

图 2-219　　　　　　　　　　　　　图 2-220

（2）在 3 条交线的基础上绘制一条斜线构成封闭图形，如图 2-221 所示，完成草图后回到拉伸对话框，选项如图 2-222 所示。单击"确定"按钮，完成筋板的构建。

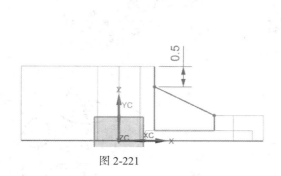

图 2-221　　　　　　　　　　　　　图 2-222

（3）由于加强筋与两个圆弧面之间有间隙，不能布尔运算"合并"成一体，因此需要将加强筋与圆弧的两个接触面往里面偏置。

（4）点选两个圆柱实体，然后点击鼠标右键，出现快捷菜单，点选"隐藏"选项，如图 2-223 所示，此时图形只剩下加强筋及草图。

（5）单击 菜单(M) ▾→"插入"→"偏置/缩放"→"偏置面"选项，弹出图 2-224 所示的对话框。先点选一个需要偏置的面，输入偏置量，再单击"应用"按钮，完成一个面的偏置操作。以同样方法，再完成另一个面的偏置操作。

图 2-223

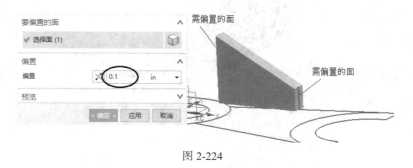

图 2-224

（6）按 Shift + Ctrl + U 组合键恢复原图形，再通过布尔运算"合并" 🗝 将所有实体合并成一体，图形如图 2-225 所示。

3. 倒圆角及打孔

（1）使用"边倒角"命令，倒圆半径为 0.9 in，完成后的图形如图 2-226 所示。

（2）使用"孔" 🔲 命令，选取左侧特征的正面，对"孔"对话框进行图 2-227 所示的设置，单击"应用"按钮，完成一侧沉头孔的操作。

（3）改动对话框的参数如图 2-228 中黑圈所示，然后捕捉沉头孔的另一端通孔的中心，再单击"确定"按钮，完成对面一侧沉头孔的操作。

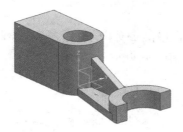

图 2-225

图 2-226

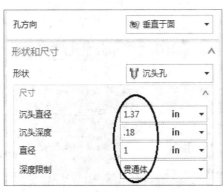

图 2-227

图 2-228

（4）将实体以外的其他对象移到其他图层，并将该图层关闭，这时图形窗口如图 2-229 所示。

图 2-229

2.16　实例 16

实例 16

绘制图 2-230 所示的实体图形。

1. 绘制草图

单击 菜单(M) ▾ →"插入"→"在任务环境中绘制草图"选项，选择 X-Y 基准平面绘制图 2-231 所示的草图。

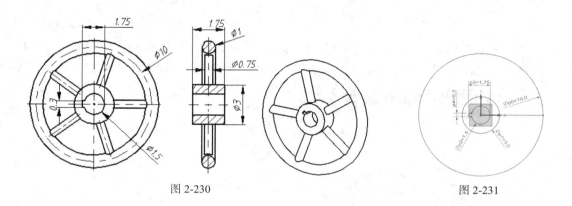

图 2-230　　　　　　　　　　　　　　　　　　图 2-231

2. 创建拉伸特征

使用"拉伸"命令，另将视窗上部的选项条下拉为"区域边界曲线"，如（ 区域边界曲线 ）。点选草图 φ3 圆和 φ1.5 圆之间的区域，对话框选项和数据如图 2-232 所示，然后单击"确定"按钮，此时视窗图形如图 2-233 所示。

图 2-232

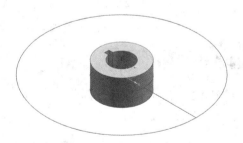

图 2-233

3. 创建管道特征

（1）单击 菜单(M) ▾ →"插入"→"扫掠"→"管"选项，选取大圆弧作为管道中心线路径的曲线，修改对话框参数如图 2-234 所示，单击"应用"按钮，完成大圆弧管道构成。

（2）不退出对话框，选取直线作为管道中心线路径的曲线，将对话框的数据及选项改为如图 2-235 中黑圈所示的数据，布尔合并选中间圆台，单击"确定"按钮，完成直线管道构成。

图 2-234

图 2-235

（3）单击 菜单(M) → "插入" → "关联复制" → "阵列特征"选项，弹出对话框，数据及选项如图 2-236 所示，阵列中心点选坐标系原点（0，0，0），这时图形窗口如图 2-237 所示。

图 2-236

图 2-237

2.17 实例 17

实例 17

绘制图 2-238 所示的实体图形。

图 2-238

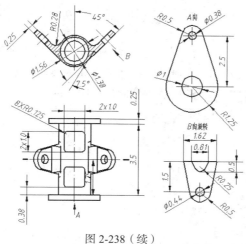

图 2-238（续）

1. 创建圆柱体体素

单击 ☰ 菜单(M) ▾ →"插入"→"设计特征"→"圆柱"选项，输入图 2-239 中黑圈所示的数据及选项，然后单击对话框的指定点选项，输入点位置坐标如图 2-240 所示，最后单击"确定"→"确定"按钮，完成圆柱体的构建。

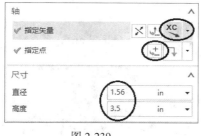

图 2-239

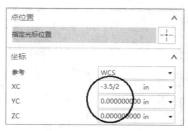

图 2-240

2. 构建两翼

（1）单击 ☰ 菜单(M) ▾ →"插入"→"基准/点"→"基准平面"（或直接单击基准平面图标 ▢ 选项），弹出图 2-241 所示的对话框。先点选 X-Y 基准平面，再点选 X 基准轴，输入图中黑圈所示的数据，单击"确定"按钮，这样就建立了与基准平面成 45° 的新基准平面，如图 2-242 所示。

图 2-241

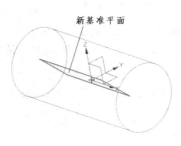

图 2-242

（2）单击 菜单(M) →"插入"→"在任务环境中绘制草图"选项，选新建的基准平面，绘制图 2-243 所示的草图。

（3）使用"拉伸"命令，弹出对话框后将视窗上部的选项条下拉为"相连曲线"，如 先拉伸外轮廓线及圆孔，拉伸数据如图 2-244 所示，完成翼实体构建，再点亮选项条小图标，如 然后拉伸缺口曲线内区域成实体，拉伸数据如图 2-245 中黑圈所示，此时的图形如图 2-246 所示。

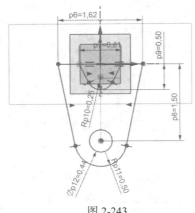

图 2-243

图 2-244

图 2-245

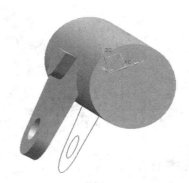

图 2-246

（4）用鼠标右键点击圆柱，出现级联菜单，选择"隐藏"，将圆柱及翼隐藏掉。

（5）单击 菜单(M) →"插入"→"细节特征"→"拔模"选项，弹出"拔模"对话框。两次点选固定底面，然后点击鼠标中键（表示"确定"），再点选要拔模的面，然后输入拔模角度 7.5°，单击"确定"按钮，如图 2-247 所示，完成拔模操作。

（6）按 Shift+Ctrl+U 组合键，恢复原隐藏的图形，此时视窗中的图形如图 2-246 所示。

（7）单击 菜单(M) →"插入"→"关联复制"→"镜像特征"选项，将翼相对于 X-Y 基准面镜像。

（8）单击 菜单(M) →"插入"→"关联复制"→"镜像几何体"选项，将小凸块相对于 X-Y 基准面镜像。

（9）单击 菜单(M) →"插入"→"组合"→"减去"选项。选择圆柱体为目标体，选择两个小凸台为工具体，单击"确定"按钮，此时视窗中的图形如图 2-248 所示。

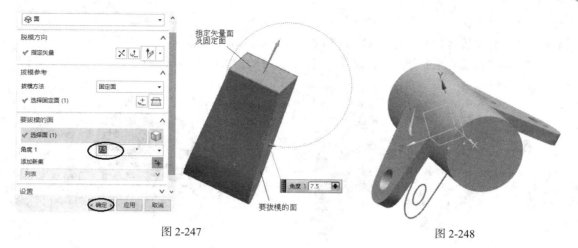

图 2-247　　　　　　　　　　　　　　　　　　图 2-248

（10）使用"孔"命令，完成圆柱中间 ϕ1.38 in 通孔的创建。

3．构建两端面盘体

（1）使用"拉伸"命令，选 Y-Z 基准平面画草图，如图 2-249 所示，在对话框中输入黑圈所示的数据及选项，如图 2-250 所示，单击"应用"按钮，完成一个端面盘体构建。

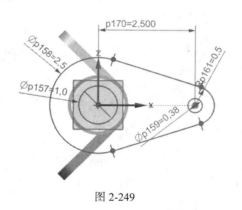

图 2-249　　　　　　　　　　　　　　　图 2-250

（2）再点选 X-Y 基准面，绘制图 2-251 所示的草图。完成草图绘制后修改对话框中黑圈所示的数据及选项，如图 2-252 所示，单击对话框中的"确定"按钮，得出的图形如图 2-253 所示。

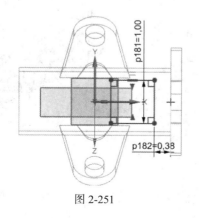

图 2-251　　　　　　　　　　　　　　　图 2-252

（3）使用"边倒圆"命令，将方孔四角倒圆 R0.125。

（4）使用"镜像特征"，将盘体和方孔相对于 Y-Z 基准面镜像。

（5）将实体移至独立图层，关闭其他图层，最终的图形如图 2-254 所示。

图 2-253

图 2-254

2.18 实例 18

实例 18

绘制图 2-255 所示的实体图形。

1. 创建圆柱体体素

使用 菜单(M) ▼→"插入"→"设计特征"→"圆柱"命令，建立直径为 100 mm、长度为 200 mm 的圆柱，这时的图形窗口如图 2-256 所示。

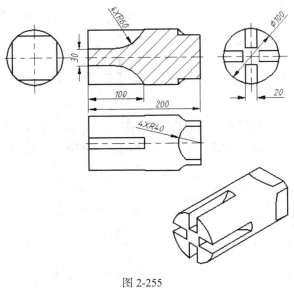
图 2-255

图 2-256

2. 创建实体顶部凹槽

（1）单击 菜单(M) ▼→"插入"→"在任务环境中绘制草图"选项，选择 X-Z 基准平面，进入草图绘制界面。再单击 📑 菜单(M) ▾→ "插入" → "配方曲线" → "相交曲线" 选项，弹出图 2-257 所示的对话框，然后点选实体图形的圆柱面和侧面，出现了与 X-Z 基准面相交的 2 条交线，并绘制其他曲线，如图 2-258 所示，然后单击 "确定" 按钮。

图 2-257　　　　　　　　　　　　　　　　图 2-258

（2）使用 "拉伸" 命令，当拉伸 φ80 圆曲线时，修改对话框中的数据及选项，如图 2-259 所示。拉伸半月键曲线时（选曲线前注意修改选项条，如 ⊙ ▾ [区域边界曲线 ▾] 所示），修改对话框中的数据及选项，如图 2-260 所示。完成拉伸后视窗中的图形如图 2-261 所示。

图 2-259　　　　　　　　　　　　　　　　图 2-260

图 2-261

（3）使用 📑 菜单(M) ▾→ "插入" → "关联复制" → "阵列几何特征" 命令，点选键槽和半圆缺口为特征，其他选项如图 2-262 所示，指定点为坐标系原点（0，0，0），单击 "确定" 按钮后，同时完成键槽和半圆缺口的阵列复制。

（4）实体移至一单独层，关闭其余图层，完成后的图形如图 2-263 所示。

图 2-262

图 2-263

2.19 实例 19

实例 19

绘制图 2-264 所示的实体图形。

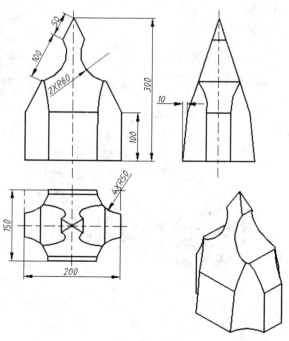

图 2-264

（1）使用"拉伸"命令，选择 X-Y 基准平面画草图，如图 2-265 所示，拉伸方向为 ZC，拉伸开始距离为 0，结束距离为 300，图形如图 2-266 所示。

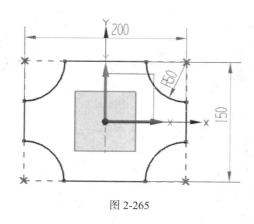

图 2-265

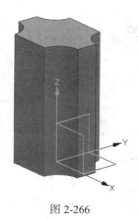

图 2-266

（2）再次使用"拉伸"命令，在 X-Z 基准平面绘制如图 2-267 所示的草图。然后在草图环境下，镜像草图曲线（"插入"→"来自曲线集的曲线"→"镜像曲线"），如图 2-268 所示，拉伸方向为 YC，拉伸对称值为 75，布尔选项为"求交"。完成后的图形如图 2-269 所示。

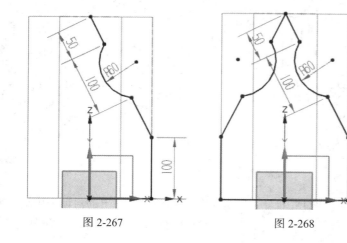

图 2-267　　　　　　　　　　图 2-268

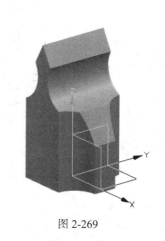

图 2-269

（3）第三次使用"拉伸"命令，在 Y-Z 基准平面绘制图 2-270 所示的草图，拉伸方向为 XC，拉伸对称值为 100，布尔选项为"求交"。完成后的图形如图 2-271 所示。

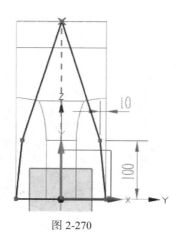

图 2-270

图 2-271

2.20 实例 20

绘制图 2-272 所示的二维图形的三维实体图。

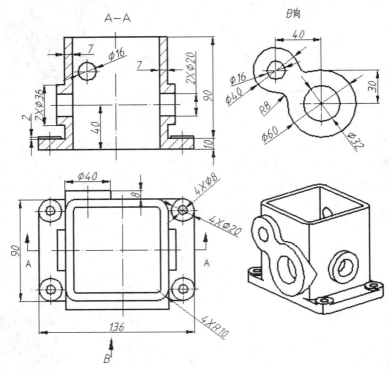

图 2-272

（1）单击 ≣ 菜单(M) ▾ → "插入" → "设计特征" → "长方体" 选项，在弹出的对话框中输入数据，如图 2-273 所示，单击 "确定" 按钮，创建一个 136×90×10 的长方体，如图 2-274 所示。

图 2-273

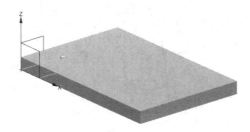

图 2-274

（2）利用"拉伸"命令，在长方体上面绘制图 2-275 所示的草图，拉伸高度为 90，布尔运算为"合并"，图形如图 2-276 所示。

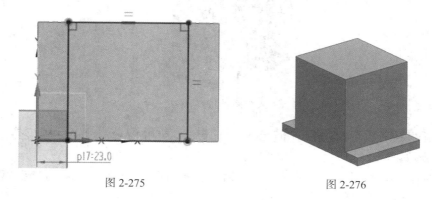

图 2-275　　　　　　　　　　　　　图 2-276

（3）利用"拉伸"命令，在长方体上面绘制图 2-277 所示的草图，最后往下拉伸至贯通，并做"减去"布尔运算，图形如图 2-278 所示。

（4）使用"边倒圆"命令，对外轮廓锐角倒 $R10$ 圆角，方形孔内倒 $R3$ 圆角，如图 2-279 所示。

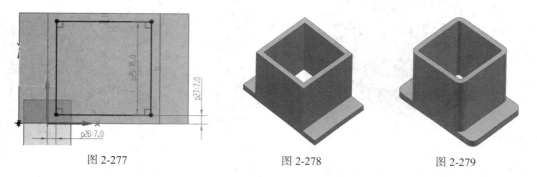

图 2-277　　　　　　　　　图 2-278　　　　　　　　　图 2-279

（5）使用"拉伸"命令，在侧面（X-Z 基准平面）绘制图 2-280 所示的草图。在"拉伸"对话框中输入黑圈所示的数据及选项，如图 2-281 所示，选择对象为 $R10$ 圆弧面，完成后的图形如图 2-282 所示。

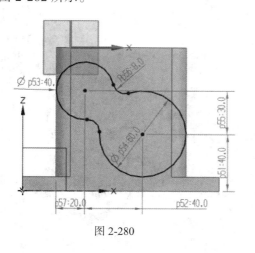

图 2-280　　　　　　　　　　　　　图 2-281

图 2-282

（6）使用"拉伸"命令，创建水平面上 $\phi8\times2$ 凸台、X-Z 侧面 $\phi40\times8$ 凸台、Y-Z 两侧面对称 $\phi36\times7$ 凸台，图形如图 2-283 所示。

注意：拉伸 X-Z 侧面 $\phi40\times8$ 凸台时，对话框选择如图 2-284 所示，直至选定对象的面选择为圆弧面。

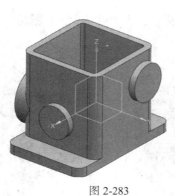

图 2-283

图 2-284

（7）使用"孔"命令，完成 2 个 $\phi20$ 通孔、2 个 $\phi16$ 通孔、1 个 $\phi8$ 通孔以及 1 个 $\phi32$ 孔的创建。

（8）使用"阵列特征"命令，完成底面小凸台的复制，如图 2-285 和图 2-286 所示。

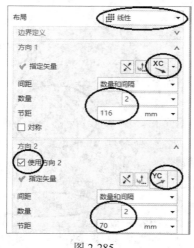

图 2-285

图 2-286

2.21　实例21

实例 21

绘制图 2-287 所示的二维图形的三维实体图。

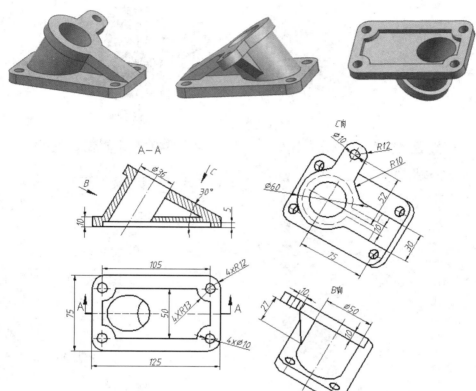

图 2-287

（1）在导航器里单击鼠标右键"基准坐标系"→"隐藏"选项，关闭图形窗口里的基准坐标系。

（2）单击 菜单(M) ▾ →"格式（R）"→"WCS"→"显示（P）"选项，图形窗口里出现 3 个坐标轴。

（3）使用 菜单(M) ▾ →"插入"→"设计特征"→"长方体"命令，创建 125×75×10 的长方体，如图 2-288 所示。

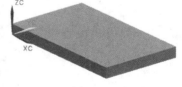

图 2-288

（4）单击 菜单(M) ▾ →"格式（R）"→"WCS"→"原点（O）"选项，在弹出对话框中点选长方体短边的中点，然后单击对话框中的"确定"按钮，从而将坐标移至长方体段短边的中点。

（5）单击 菜单(M) ▾ →"格式"→"WCS"→"旋转"选项，将坐标绕 Y 轴旋转 60°，如图 2-289 和图 2-290 所示。

（6）单击 菜单(M) ▾ →"插入"→"在任务环境中绘制草图"选项，弹出图 2-291 所示的"创建草图"对话框，选项如图中黑圈所示。单击"指定点"小图标，弹出图 2-292 所示的"点"对话框，"类型"选择"自动判断点"，然后用鼠标捕捉新坐标的原点，再单击"确定"→"确定"

按钮，进入与长方体上平面成 30° 的平面绘制草图界面，绘制图 2-293 所示的草图。

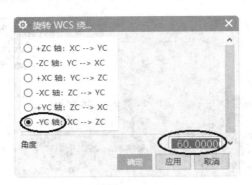

图 2-289

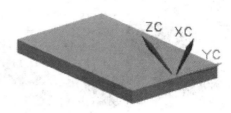

图 2-290

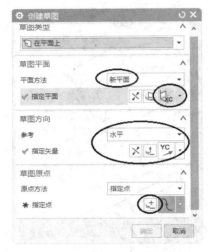

图 2-291

图 2-292

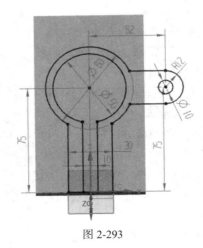

图 2-293

（7）完成草图绘制后，使用"拉伸"命令，先拉伸中间区域，对话框中的选项如图 2-294 中黑圈所示，注意选区域前修改"选项条"的选项，如 ⬚ 区域边界曲线 ▼ 所示，拉伸结果如图 2-295 所示。

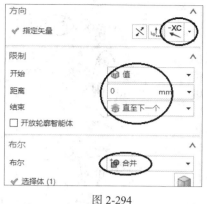

图 2-294　　　　　　　　　　　　　　　　　　图 2-295

（8）再拉伸草图另一个区域，对话框中的选项如图 2-296 中黑圈所示，结果如图 2-297 所示。

图 2-296　　　　　　　　　　　　　　　　　　图 2-297

（9）再利用"拉伸"命令，单击图 2-298 中黑圈所示的图标，弹出"创建草图"对话框，选项如图 2-299 中黑圈所示。单击"指定点" 小图标，弹出"点"对话框，类型选择"自动判断点"，然后鼠标捕捉新坐标的原点，再单击"确定"→"确定"按钮，进入新坐标的 X-Y 基准面绘制草图界面，绘制图 2-300 所示的草图，拉伸参数选择如图 2-301 所示，草图绘制完成后单击"确定"按钮，完成侧面小加强筋的创建。

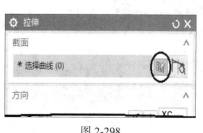

图 2-298　　　　　　　　　　　　　　　　　　图 2-299

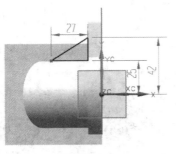

图 2-300　　　　　　　　　　图 2-301

（10）由于刚创建的小加强筋与圆柱有间隙，因此使用 菜单(M) → "插入" → "偏置/缩放" → "偏置面" 命令，将加强筋的长直角面向圆柱方向偏置 1 mm，即可布尔"合并"运算，与其他实体成一整体。

（11）使用"拉伸"命令，选择长方体底面，绘制图 2-302 所示的草图，然后向长方体内拉伸 5 mm，布尔运算为"减去"，如图 2-303 所示，创建长方体底部的空腔。

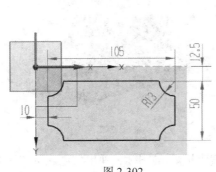

图 2-302　　　　　　　　　　图 2-303

（12）使用"孔"命令，完成 $\phi36$ 中心大孔及 4 角 $\phi10$ 小孔的创建。

（13）使用"边倒圆"命令，完成斜块 4 处 R10 圆角及底板 4 角 R12 圆角的创建。最后的图形如图 2-304 所示。

图 2-304

2.22　实例 22

实例 22

绘制图 2-305 所示的二维图形的三维实体图。

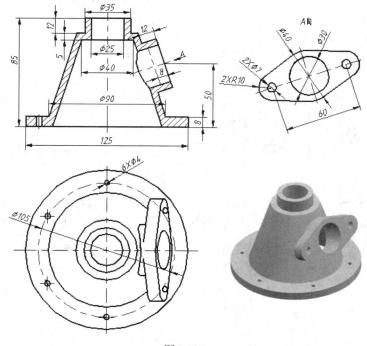

图 2-305

（1）单击 菜单(M) ▾ → "插入" → "设计特征" → "旋转" 选项，弹出 "旋转" 对话框。点选 X-Z 基准面，绘制如图 2-306 所示的草图，完成草图后回到对话框，旋转指定矢量为 ZC，旋转指定点点选（0，0，0），如图 2-307 中黑圈所示。再单击 "确定" 按钮，完成后的图形如图 2-308 所示。

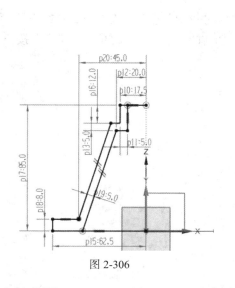

图 2-306

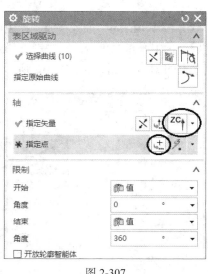

图 2-307

（2）单击 菜单(M) ▾ → "插入" → "基准/点" → "基准平面"（或直接单击基准平面图标 ▢ ）选项，弹出 "基准平面" 对话框。再点选圆锥面，然后输入如图 2-309 中黑圈所示的数据，最后单击 "确定" 按钮，完成新基准平面的建立，如图 2-310 所示。

图 2-308

图 2-309

（3）单击菜单(M)▼→"插入"→"基准/点"→"点"选项，弹出"点"对话框，输入数据如图 2-311 中黑圈所示，然后单击"确定"按钮，在图形中心高 50 处完成一个点的构建。

图 2-310

图 2-311

（4）单击菜单(M)▼→"插入"→"派生曲线"→"投影"选项，弹出图 2-312（a）所示的对话框，然后点选中心点，单击鼠标中键确认后再点选新的基准平面，再单击"确定"按钮完成新基准平面上点的创建，如图 2-312（b）所示。

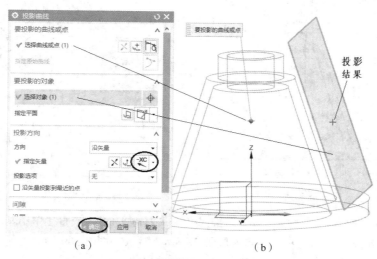

（a）

（b）

图 2-312

（5）使用"在任务环境中绘制草图"命令，弹出图 2-313 所示的"创建草图"对话框。点选新基准平面为指定平面，再单击指定点图标 ，弹出"点"对话框后点选新创建的点，然后单击"确定"→"确定"按钮，进入绘制草图界面，绘制图 2-314 所示的草图。

图 2-313

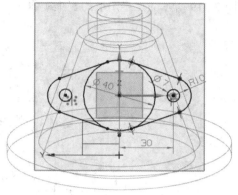

图 2-314

（6）使用"拉伸"命令，弹出图 2-315 所示的"拉伸"对话框，选项如黑圈所示。选区域前修改"选项条"的选项，如 区域边界曲线 所示，然后点选中间圆形，再单击"应用"按钮，回到拉伸对话框，选两翼区域，对话框选项改为如图 2-316 中黑圈所示数据，最后单击"确定"按钮，完成边翼的创建。隐藏草图和基准平面后的图形如图 2-317 所示。

（7）使用"孔"命令，完成 $\phi30$ 以及 $\phi4$ 孔的创建，如图 2-318 所示。

图 2-315

图 2-316

图 2-317

图 2-318

（8）使用"阵列特征"命令，将底盘 $\phi4$ 孔复制成 6 个，从而完成整个零件的建模。

2.23 实例 23

绘制图 2-319 所示的二维图形的三维实体图。

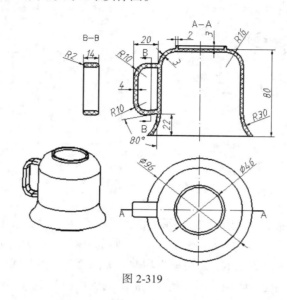

图 2-319

（1）使用"在任务环境中绘制草图"命令，选择 X-Z 基准平面，绘制图 2-320 所示的草图。

（2）单击 菜单(M) ▼ →"插入"→"设计特征"→"旋转"选项，弹出"旋转"对话框，输入数据及选项如图 2-321 中黑圈所示，"旋转曲线"选择杯体曲线（注意选择曲线前修改"选项条"的选项，如 相连曲线 所示），"指定点"选择坐标原点，单击"确定"按钮，完成旋转实体构建。

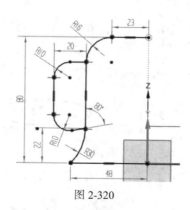

图 2-320

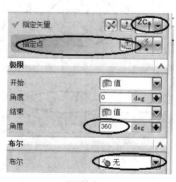

图 2-321

（3）单击 菜单(M) ▼ →"插入"→"偏置/缩放"→"抽壳"选项，弹出图 2-322 所示的对话框。选择回转体上表面为穿透面，输入厚度 3，再单击"确定"按钮，图形如图 2-323 所示。

（4）单击 菜单(M) ▼ →"插入"→"在任务环境中绘制草图"选项，弹出"创建草图"对话框，选项如图 2-324 所示。其步骤是：首先在指定平面项点选手柄草图线的根部，出现基准平面；然后在草图线上点选两点作为基准的法线，如图 2-324 所示；再点选 Y 轴作为指定矢量，对话框草图原点为指定点，再次点选草图线的根部，然后连续单击"确定"→"确定"按钮，进入绘制草图界面，绘制图 2-325 所示的草图。

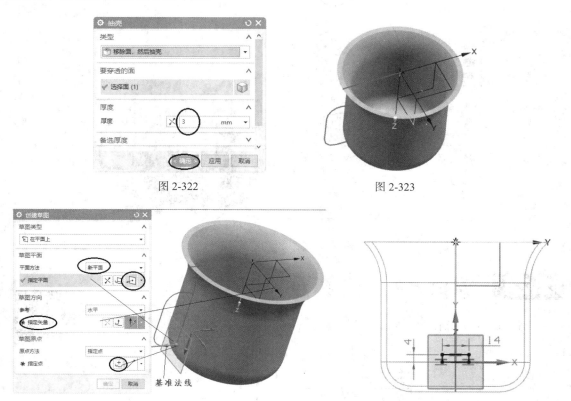

图 2-322　　　　　　　　　　　　　　　　　　图 2-323

图 2-324　　　　　　　　　　　　　　　　　　图 2-325

（5）单击 菜单(M)▾ →"插入" → "扫掠" → "沿引导线扫掠"选项，弹出"沿引导线扫掠"对话框，先点选图 2-326 所示的草图封闭曲线，再单击鼠标中键，然后点选手柄曲线（先将选项选为 相切曲线 ▾）作为引导线，如图 2-326 所示，最后单击"确定"按钮，完成手柄实体的创建。

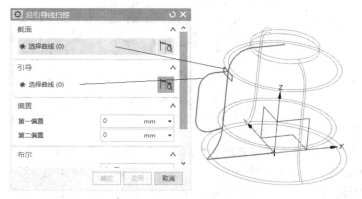

图 2-326

（6）使用"边倒圆"命令，将手柄倒圆 R2，再利用"偏置"命令，将手柄两端部表面向杯体偏进 1mm，然后使用"合并"命令，将杯体和手柄合成一个实体。

（7）使用"拉伸"命令，选择杯子底面的平面与弧面相贯线为拉伸曲线，在对话框中输入数据及选项如图 2-327 中黑圈所示，完成杯底圆环支撑圈的构建。最后的图形如图 2-328 所示。

图 2-327

图 2-328

2.24 实例 24

实例 24

绘制图 2-329 所示的实体图形。

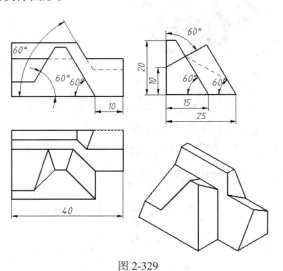

图 2-329

（1）建立新部件文件，单位为毫米，然后进入建模模块。单击雪 菜单(M)▼→"插入"→"在任务环境中绘制草图"选项，选择 Y-Z 基准平面绘制图 2-330 所示的草图。

（2）使用"拉伸"命令，拉伸各个区域，注意选区域前修改"选项条"的选项，如   所示。

① 拉伸距离为 40，单击对话框中的"应用"按钮后，显示的图形如图 2-331 所示。

② 拉伸距离为 35，布尔为"合并"，单击"应用"按钮后的图形如图 2-332 所示。

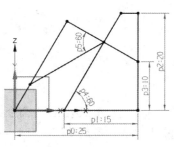

图 2-330

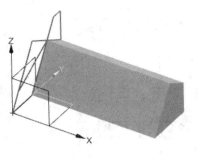

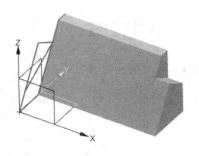

图 2-331　　　　　　　　　　　　　　　　　图 2-332

③ 拉伸距离为 30，布尔为"合并"，单击"应用"按钮后的图形如图 2-333 所示。

④ 拉伸区域为草图左上的三角形，拉伸距离为 5，布尔为"减去"，单击"确定"按钮后，视窗中的图形如图 2-334 所示。

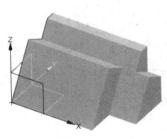

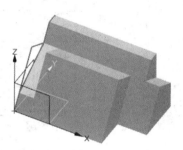

图 2-333　　　　　　　　　　　　　　　　　图 2-334

（3）单击 ☰ 菜单(M) ▾ →"插入"→"细节特征"→"拔模"选项，弹出"拔模"对话框。选择指定矢量为 ZC，接着点选固定底面，然后点击鼠标中键（表示"确定"），再点选 3 个要拔模的面，然后输入拔模角度 30°，如图 2-335（a）中的黑圈所示，单击"确定"按钮，完成拔模操作。图形结果如图 2-335（b）所示。

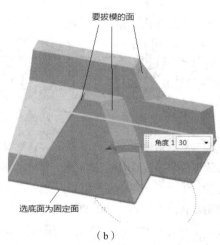

（a）　　　　　　　　　　　　　　　　　（b）

图 2-335

2.25 实例25

绘制图 2-336 所示的实体图形。

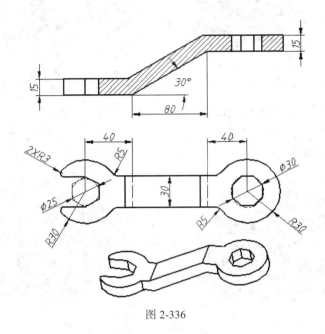

图 2-336

（1）建立新部件文件，单位为毫米，然后进入建模模块。使用"拉伸"命令，在 X-Z 平面画出图 2-337 所示的草图。完成草图后，"拉伸"对话框中的选项和数据如图 2-338 所示，单击对话框中的"应用"按钮，得出的图形如图 2-339 所示。

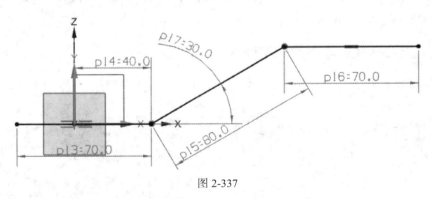

图 2-337

（2）继续使用"拉伸"命令，选择 X-Y 基准面，进入绘制草图环境。选择 菜单(M)▼ → "插入" → "曲线" → " 多边形"命令，弹出"多边形"对话框，选项如图 2-340 中黑圈所示。指定点为（0，0，0），创建一个内切圆半径为 12.5 的六边形。然后重复"多边形"命令，选项如图 2-341 中黑圈所示，指定点为[80+80*cos(30)，0，0]，创建一个外接圆半径为 15 的八边形，此时图形如图 2-342 所示。然后绘制其他草图曲线，并将六边形的左边三条边转变为参考线（在草图环境下使用 转换至/自参考对象命令）。最终的草图如图 2-343 所示。

图 2-338

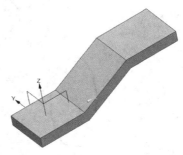

图 2-339

图 2-340

图 2-341

图 2-342

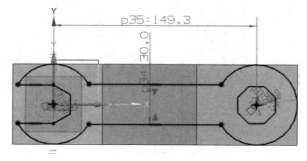

图 2-343

（3）完成草图绘制后回到"拉伸"对话框，选项数据如图 2-344 中黑圈所示，单击"确定"按钮，完成的图形如图 2-345 所示。

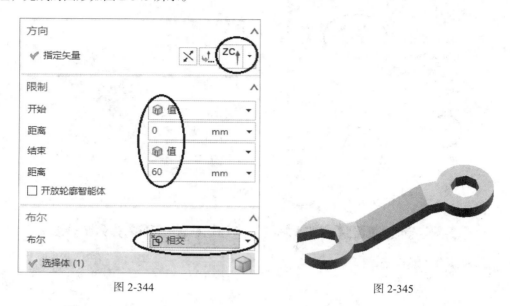

图 2-344   图 2-345

（4）对图 2-336 所示的 6 条锐边进行 R5、R3 的边倒圆角。

2.26 实例 26

实例 26

绘制图 2-346 所示的实体图形(图中尺寸 H=12)。

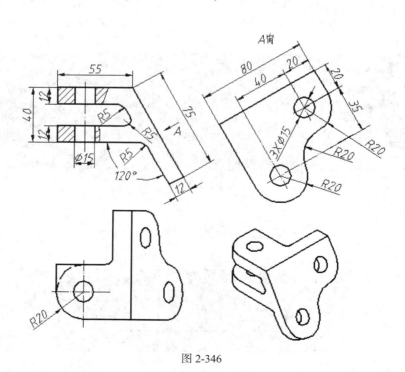

图 2-346

（1）建立新部件文件，单位为毫米，然后进入建模模块。使用"拉伸"命令，在 X-Z 平面画出如图 2-347 所示的草图，往 Y 方向拉伸距离为 80，完成后出现图 2-348 所示的图形。

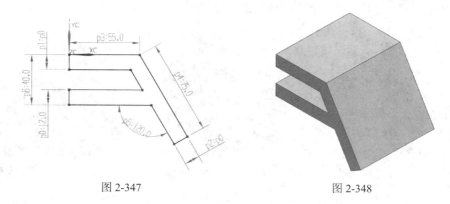

图 2-347　　　　　　　　　　　　　　　　图 2-348

（2）利用"拉伸"命令，以实体的一条边进行拉伸 ，执行布尔"减去"操作，如图 2-349 所示。注意：在选择曲线前，视窗上部的选项条为 单条曲线 ，完成后得到图 2-350 所示的形状。

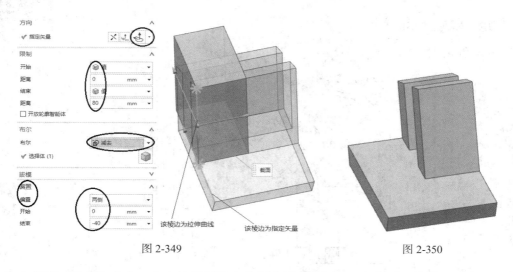

图 2-349　　　　　　　　　　　　　　　　图 2-350

（3）使用"拉伸"命令，在实体的斜面上绘制草图，如图 2-351 所示，拉伸距离大于 12，完成后的图形是如图 2-352 所示的两张片体。

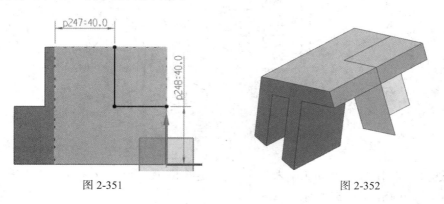

图 2-351　　　　　　　　　　　　　　　　图 2-352

（4）利用"修剪体"命令，以实体为目标体，以片体为工具面，修剪成图 2-353 所示的图形。

（5）使用"边倒圆"命令，圆角半径 R20 及 R5，倒圆结果如图 2-354 所示。

（6）使用"孔"命令，孔直径为 ϕ15，完成的结果如图 2-355 所示。

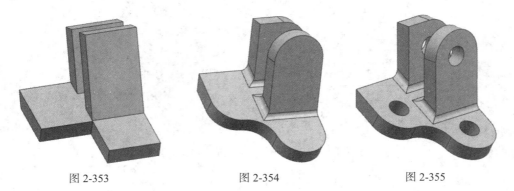

图 2-353　　　　　　　　图 2-354　　　　　　　　图 2-355

2.27　实例 27

实例 27

绘制图 2-356 所示的实体图形。

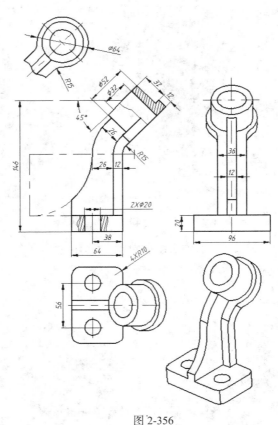

图 2-356

（1）建立新部件文件，单位为毫米，然后进入建模模块。使用"在任务环境中绘制草图"命令，在 X-Z 平面画出图 2-357 所示的草图。

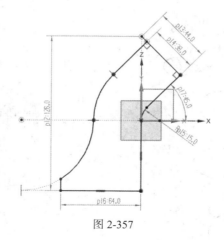

图 2-357

（2）使用"拉伸"命令，对话框中的输入值如图 2-358 中黑圈所示，点选肋板区域，单击"应用"按钮后创建图 2-359 所示的图形。

图 2-358　　　　　　　　　　　　　　　　图 2-359

（3）再以草图中的后背曲线为拉伸对象进行两侧拉伸，并执行布尔"合并"操作，如图 2-360 所示。

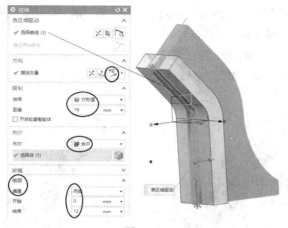

图 2-360

（4）然后以草图中最下面的直线为拉伸对象进行两侧拉伸，并执行布尔"合并"操作，如图

2-361 所示，创建的实体如图 2-362 所示。

图 2-361

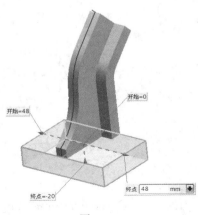

图 2-362

（5）利用"圆柱体"命令，以指定的矢量和指定点，选择图 2-363 所示的参数，最后单击"应用"按钮，创建大圆台。

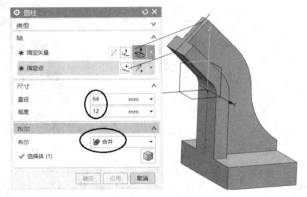

图 2-363

（6）再在"圆柱"对话框下，指定矢量同上，指定点为刚创建的大圆台上表面中心点，在大圆台上创建一个小圆柱，结果如图 2-364 所示。

（7）利用"孔"命令，在圆柱位置处创建直径为 ϕ32 的圆孔，同样在底板处创建 2 个直径为 ϕ20 的圆孔，并倒各部分圆角，如图 2-365 所示。此时，就完成了实体模型的创建。

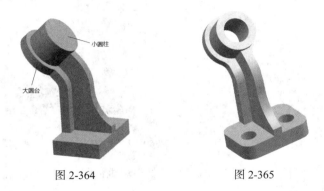

图 2-364　　　　　　　图 2-365

2.28　实例 28

绘制图 2-366 所示的实体图形。

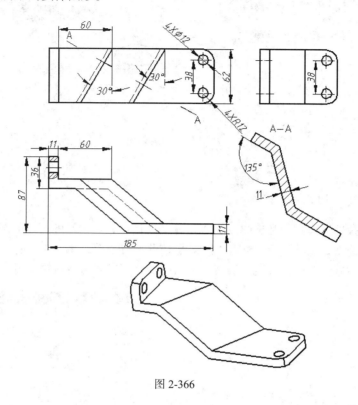

图 2-366

（1）在部件导航器里单击鼠标右键"基准坐标系"→"隐藏"选项。

（2）单击 菜单(M)▼→"格式"→"WCS"→"显示"选项，图形区域出现基准坐标轴。

（3）单击 菜单(M)▼→"插入"→"设计特征"→"长方体"选项，数据如图 2-367 中黑圈所示，单击"确定"按钮后结果如图 2-368 所示。

图 2-367

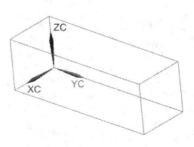

图 2-368

（4）单击 菜单(M)▼→"格式"→"WCS"→"原点（O）"选项，弹出"点"对话框，改动数据如图 2-369 中黑圈所示，单击"确定"按钮后，坐标向 Y 方向移动了 71 mm。再单击 ▤ 菜单(M) ▾ →
"格式" → "WCS" → "旋转（R）"选项，输入图 2-370 中黑圈所示的数据及选项，单击"确定"
按钮后，坐标位置如图 2-371 所示。

图 2-369

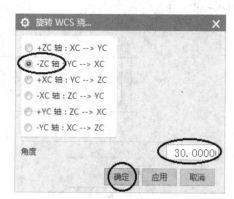

图 2-370

（5）使用"拉伸"命令，弹出图 2-372 所示的对话框，单击黑圈所示的图标，弹出图 2-373
所示的对话框，选项如黑圈所示。单击"指定点 +"按钮，弹出图 2-374 所示的对话框，输入点
坐标，然后单击"确定" → "确定"按钮，进入绘制草图界面，绘制的草图如图 2-375 所示。

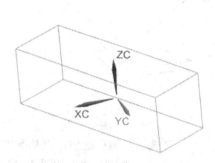

图 2-371

图 2-372

图 2-373

图 2-374

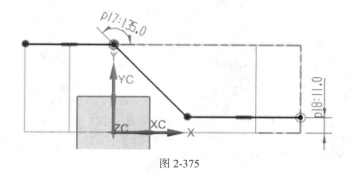

图 2-375

（6）完成草图绘制后，"拉伸"对话框里的选项如图 2-376（a）所示，最后单击对话框中的"应用"按钮后得到图 2-377 所示的图形。

（7）继续选一条边进行拉伸，对话框中的数据按黑圈所示改动，如图 2-378 所示。最后单击"确定"按钮，视窗中的图形如图 2-379 所示。

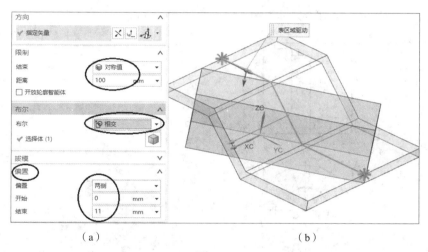

（a）　　　　　　　　　　　　　　　　（b）

图 2-376

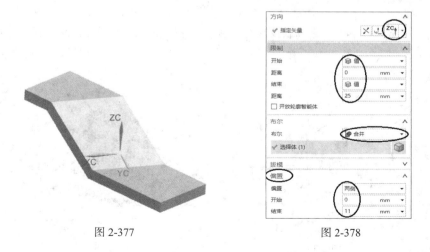

图 2-377　　　　　　　　　　　　　图 2-378

（8）使用"边倒圆"命令，对 4 个棱边倒 $R12$ 圆角，结果如图 2-380 所示。

（9）使用"孔"命令，在实体上打 4 个 $\phi12$ 的孔，最终全部完成建模操作，图形如图 2-381

所示。

图 2-379   图 2-380   图 2-381

2.29 实例 29

实例 29

绘制图 2-382 所示的实体图形。阶梯共 15 层，每层 10 mm。

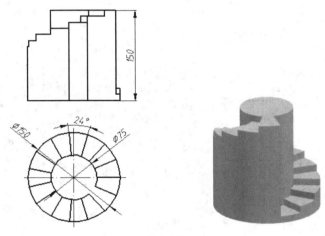

图 2-382

（1）使用"拉伸"命令，进入草图绘制界面，绘制图 2-383 所示的草图，然后拉伸 10 mm，结果如图 2-384 所示。

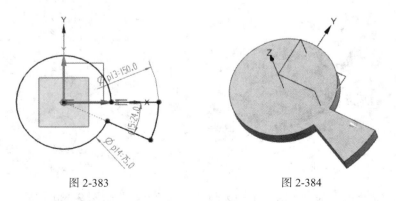

图 2-383   图 2-384

（2）使用 菜单(M)▾ → "插入" → "关联复制" → "阵列特征"命令，在弹出的对话框里选项如图 2-385 中黑圈所示。修改阵列增量，单击对话框的小图标 ，弹出图 2-386 所示的"阵列增量"对话框。双击 End Limit 项，在下面"增量"项中输入 10，然后单击"确定"→"确定"按钮，完成的图形如图 2-387 所示。

图 2-385

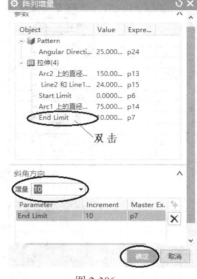

图 2-386

（3）最后使用 合并命令，将所有分立实体合并成一个实体，结果如图 2-388 所示。

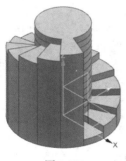

图 2-387

图 2-388

2.30　实例 30

实例 30

绘制图 2-389 所示的实体图形。阶梯总共 25 层。

（1）使用 菜单(M) ▾ →"插入"→"设计特征"→"圆柱"命令，创建 $\phi150×20$ 圆台，如图 2-390 所示。

（2）使用"拉伸"命令，注意选项条，选择 特征曲线 ▾，点选 X-Y 基准平面，进入草图绘制界面，绘制如图 2-391 所示的草图。注意：约束是四方形两条边相等、四方形左上和右下角与圆台边缘线接触、四方形左右两条边相对于 Y 轴对称，这样刚好全约束。然后标注一个边的尺寸，此时该尺寸为红色，表明过约束，如图 2-392 所示。

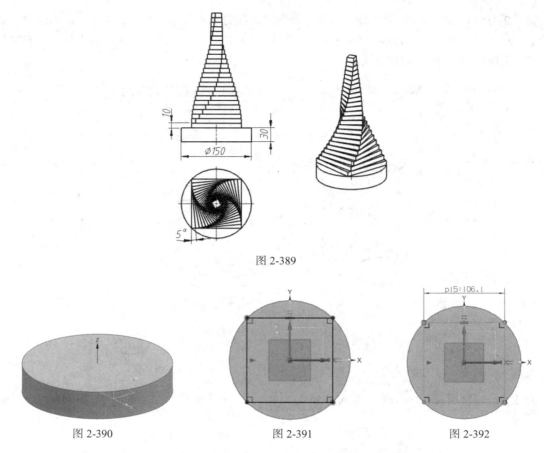

图 2-389

图 2-390　　　　　　　图 2-391　　　　　　　图 2-392

（3）在草图环境下做如下改动：去掉四方形左上角和右下角在圆形边缘线上的接触约束，另外将四方形上下两条边也相对于 X 轴对称，此时就恢复了全约束（无过约束），草图如图 2-393 所示。完成草图后拉伸 10 mm（不要与圆台合并），结果如图 2-394 所示。

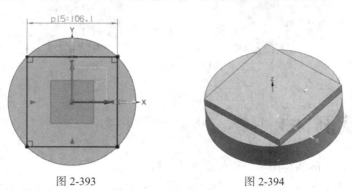

图 2-393　　　　　　　　图 2-394

（4）使用 菜单(M) ▾ → "插入" → "关联复制" → "阵列特征" 命令。弹出图 2-395 所示的 "阵列特征" 对话框，点选新创建的四方体为阵列对象，指定矢量为 Z 轴，指定点为坐标原点，输入数量和节距角。再点选阵列增量图标 ，弹出 "阵列增量" 对话框，输入如图中黑圈所示的数据及选项，如图 2-396 所示，单击 "确定" 按钮后回到 "阵列特征" 对话框。然后，点选电子表格小图标 ，弹出图 2-397 所示的电子表格，因为该 25 层四方图形是每一层相邻边长内接且逐层变小，关系表达式为 $L_{N+1}=L_N/(\sin\alpha+\cos\alpha)$，这个图形每层旋转角是 5°，所以 $L_{N+1}=L_N \times 0.923\,1$。将表格的最后一列手工输入两行，然后点住第二行的右下角下拉至最后一行，此时表格的数据如图 2-398 所示。

图 2-395

图 2-396

	A	B	C	D	E
1	Angular Direction Offset	Radiate Offset	EXTRUDE(2):Start Limit Default Value: 0	EXTRUDE(2):End Limit Default Value: 10	EXTRUDE(2):Line4 和 Line2 之间的垂直尺寸 Default Value: 106.06601717798
2	5	0	10	20	=106.066*0.9231
3	10	0	20	30	=E2*0.9321
4	15	0	30	40	
5	20	0	40	50	
6	25	0	50	60	
7	30	0	60	70	
8	35	0	70	80	
9	40	0	80	90	
10	45	0	90	100	
11	50	0	100	110	
12	55	0	110	120	
13	60	0	120	130	
14	65	0	130	140	
15	70	0	140	150	
16	75	0	150	160	
17	80	0	160	170	
18	85	0	170	180	
19	90	0	180	190	
20	95	0	190	200	
21	100	0	200	210	
22	105	0	210	220	
23	110	0	220	230	
24	115	0	230	240	
25	120	0	240	250	

图 2-397

	A	B	C	D	E
1	Angular Direction Offset	Radiate Offset	EXTRUDE(2):Start Limit Default Value: 0	EXTRUDE(2):End Limit Default Value: 10	EXTRUDE(2):Line4 和 Line2 之间的垂直尺寸 Default Value: 106.06601717798
2	5	0	10	20	97.9095246
3	10	0	20	30	90.38028216
4	15	0	30	40	83.43003846
5	20	0	40	50	77.0142685
6	25	0	50	60	71.09187125
7	30	0	60	70	65.62490636
8	35	0	70	80	60.57835106
9	40	0	80	90	55.91987586
10	45	0	90	100	51.61963741
11	50	0	100	110	47.65008729
12	55	0	110	120	43.98579558
13	60	0	120	130	40.6032879
14	65	0	130	140	37.48089506
15	70	0	140	150	34.59861423
16	75	0	150	160	31.93798079
17	80	0	160	170	29.48195007
18	85	0	170	180	27.21478811
19	90	0	180	190	25.1219709
20	95	0	190	200	23.19009134
21	100	0	200	210	21.40677332
22	105	0	210	220	19.76059245
23	110	0	220	230	18.24100289
24	115	0	230	240	16.83826977
25	120	0	240	250	15.54340682
26					

图 2-398

（5）然后存盘并关闭电子表格，此时弹出图 2-399 所示的对话框，单击"确定"按钮，回到"阵列特征"对话框，再单击"确定"按钮，最终创建的图形如图 2-400 所示。

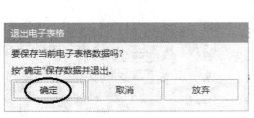

图 2-399

图 2-400

实例 31

2.31 实例 31

绘制图 2-401 所示的实体图形。

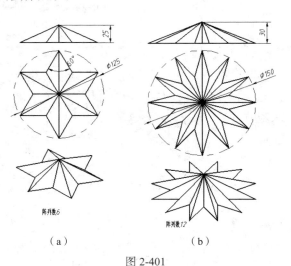

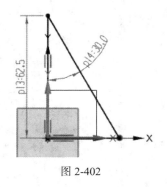

阵列数6

（a）

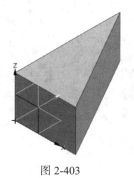

阵列数12

（b）

图 2-401

（1）使用 🔲 菜单(M) ▾ →"插入"→"设计特征"→"拉伸"命令，绘制图 2-402 所示的草图并拉伸 25，完成后的图形如图 2-403 所示。

图 2-402   图 2-403

（2）使用 菜单(M) ▾ →"插入"→"基准/点"→"基准平面"命令，弹出图 2-404 所示的"基准平面"对话框。然后点选图 2-405 所示的边缘线和顶点，最后单击对话框中的"确定"按钮，完成基准平面的建立。

图 2-404

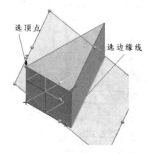

图 2-405

（3）使用 菜单(M) ▾ →"插入"→"修剪"→"修剪体"命令，以三角形实体为目标，以基准平面为工具，将实体修剪为图 2-406。

（4）使用 菜单(M) ▾ →"插入"→"关联复制"→"镜像几何体"命令，将三角形几何体相对于 Y-Z 基准面镜像，得出的图形如图 2-407 所示。

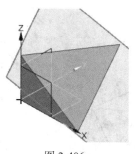

图 2-406

图 2-407

（5）使用 菜单(M) ▾ →"插入"→"关联复制"→"阵列几何特征"命令，弹出图 2-408 所示的对话框。选项如黑圈所示，然后单击"确定"按钮，完成六角星的创建后并使用 合并命令，将实体都合并在一起，最后的图形如图 2-409 所示。

图 2-408

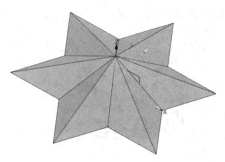

图 2-409

（6）在图 2-410 所示的"部件导航器"里，右键单击"拉伸"步骤，按照图 2-401（b）修改草图夹角为 15°，半径为 75，拉伸值为 30。再用鼠标右键单击"阵列几何特征"步骤，修改阵列数为 12，节距角度为 30，完成后的图形如图 2-411 所示。

图 2-410

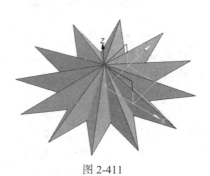

图 2-411

2.32 实例 32

实例 32

绘制图 2-412 所示的实体图形。

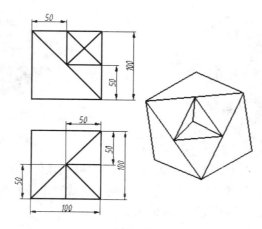

图 2-412

（1）建立新部件文件，单位为毫米，然后进入建模模块。使用 ⚞ 菜单(M) ▾ → "插入" → "设计特征" → "长方体"命令，创建图 2-413 所示的 100×100×100 正方体。

（2）使用"基准平面" ⬜命令，利用正方体的三个角顶点创建图 2-414 所示的基准平面。

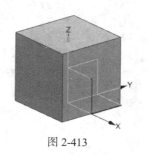

图 2-413

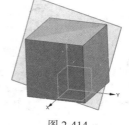

图 2-414

（3）使用 菜单(M) ▼→"插入"→"修剪"→"拆分体"命令，以新创建的基准平面为工具，以正方体为目标进行拆分，完成后正方体变成了两块，右键单击大的一块→"隐藏"，此时图形如图 2-415 所示。

（4）再将新建的基准平面隐藏，然后使用"在任务环境中绘制草图"命令，在三角菱形椎体底面绘制图 2-416 所示的草图。

图 2-415

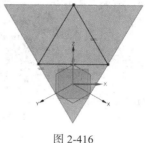

图 2-416

（5）完成草图后，再使用"基准平面" 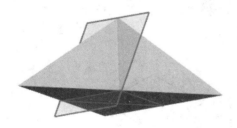 命令，利用草图一条边及三角菱形体的顶点创建新的基准平面，如图 2-417 所示。

（6）使用 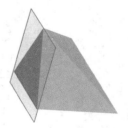 修剪体命令，以新建基准平面为工具，以三角菱形体为目标进行修剪，完成后的图形如图 2-418 所示。

图 2-417

图 2-418

（7）使用 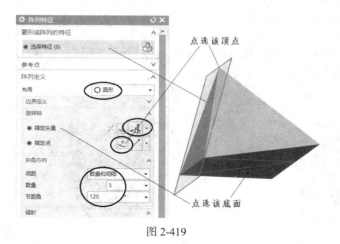 阵列特征命令，弹出阵列特征对话框，选项如图 2-419 中黑圈所示，最后单击对话框中的"确定"按钮，完成的图形如图 2-420 所示。

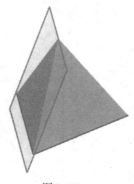

图 2-419

图 2-420

（8）同时按 Ctrl+Shift+U 组合键，恢复隐藏的图形，如图 2-421 所示。

（9）最后使用 合并命令，将两块合并，并隐藏所有的基准平面及草图，得出图 2-422 所示的图形。

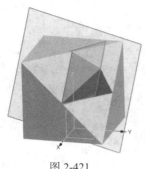

图 2-421

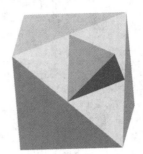

图 2-422

2.33 实例 33

绘制图 2-423 所示的实体图形。

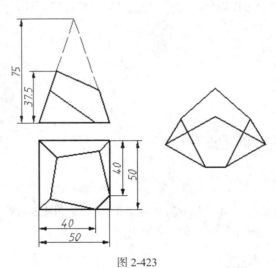

图 2-423

（1）使用"拉伸"命令，绘制图 2-424 所示的草图并拉伸 75，完成后的图形如图 2-425 所示。

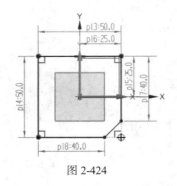

图 2-424

图 2-425

（2）使用"拉伸"命令，在 Y-Z 基准平面上绘制图 2-426 所示的草图，对称拉伸 25 并相交布尔运算，完成后的图形如图 2-427 所示。

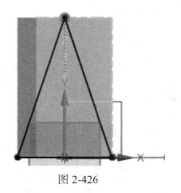

图 2-426

图 2-427

（3）使用"拉伸"命令，在 X-Z 基准平面上绘制图 2-428 所示的草图，对称拉伸 25 并相交布尔运算，完成后的图形如图 2-429 所示。

（4）在距底面 37.5 mm 的高度新建一个基准平面，如图 2-430 所示。

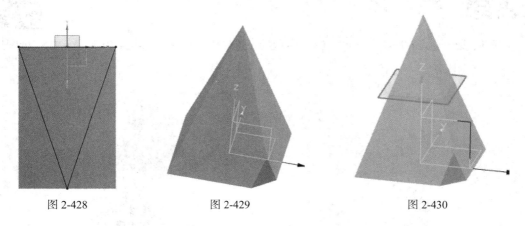

图 2-428   图 2-429   图 2-430

（5）使用 菜单(M)▼→"插入"→"基准/点"→"点"命令，创建基准平面与一个棱边的交点，如图 2-431 所示。

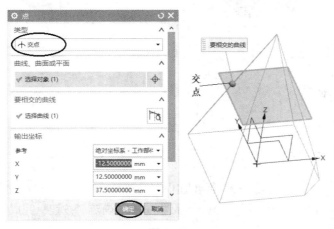

图 2-431

（6）以底面的一条短边以及创建的交点新建一个基准平面，如图 2-432 所示。

（7）使用"修剪体"命令，去掉菱形的上面部分，再隐藏基准平面，完成后的图形如图 2-433 所示。

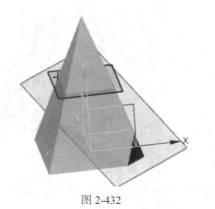

图 2-432

图 2-433

实例 34

2.34　实例 34

利用同步建模的方法将图 2-434（a）所示的三维图形修改为图 2-434（b）所示的三维图形。

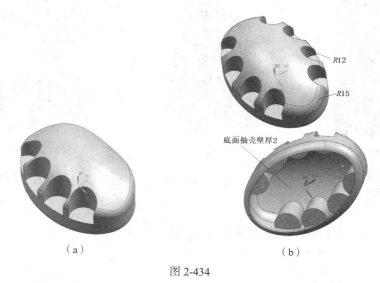

（a）　　　　　　　　　　　　（b）

图 2-434

1．打开原文件

打开零件的三维模型图，如图 2-434（a）所示。

2．修改尺寸及形状

（1）使用 菜单(M) →"插入"→"同步建模"→"尺寸"→"半径尺寸"命令，弹出"半径尺寸"对话框，选项如图 2-435 所示。单击对话框中的"确定"按钮，完成半径尺寸的修改。

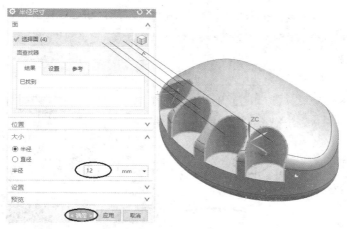

图 2-435

（2）使用 ▤ 菜单(M) ▾→ "插入" → "关联复制" → "镜像面" 命令，弹出 "镜像面" 对话框，选项如图 2-436 所示。单击 "确定" 按钮后，完成的图形如图 2-437 所示。

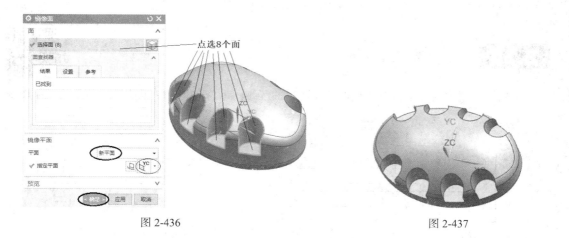

图 2-436   图 2-437

（3）使用 ▤ 菜单(M) ▾→ "插入" → "同步建模" → "细节特征" → "调整倒圆大小" 命令，弹出对话框，选项如图 2-438 所示。单击 "确定" 按钮，完成圆角的修改。

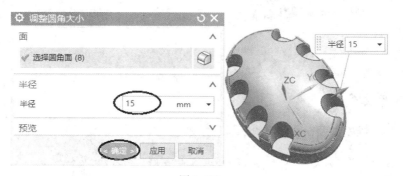

图 2-438

（4）使用 ▤ 菜单(M) ▾→ "插入" → "偏置/缩放" → "抽壳" 命令，弹出对话框，选项如图 2-439 所示。单击 "确定" 按钮，完成底面抽壳操作。

图 2-439

2.35 实例 35

利用同步建模的方法将图 2-440（a）所示的三维图形修改为图 2-440（b）所示的三维图形。

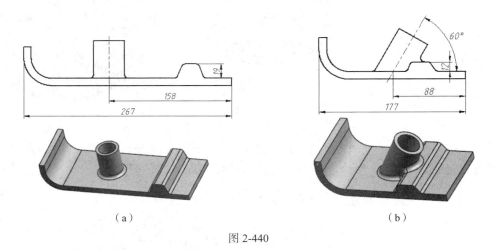

（a）　　　　　　　　　　　　　　　　（b）

图 2-440

1. 打开原文件

打开零件的三维模型图，如图 2-440（a）所示。

2. 修改尺寸及形状

（1）使用 菜单(M)▼ →"插入"→"同步建模"→"移动面"命令，弹出对话框，选项如图 2-441 所示。单击"确定"按钮，完成后的图形如图 2-442 所示。

（2）继续使用"移动面"命令，对话框的选项如图 2-443 所示，单击"确定"按钮完成操作。

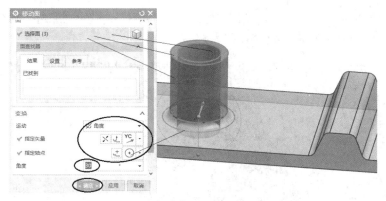

图 2-441

图 2-442

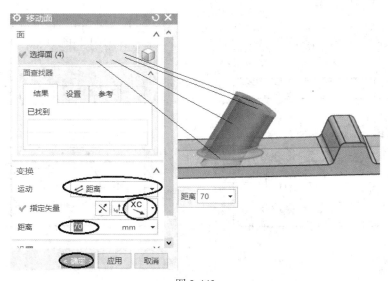

图 2-443

（3）再次使用"移动面"命令，完成的图形如图 2-444 所示。

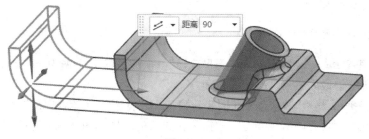

图 2-444

111

（4）使用 菜单(M)▼→"插入"→"同步建模"→"尺寸"→"线性尺寸"命令，各种选项如图 2-445 所示，最后单击对话框中的"确定"按钮完成操作。

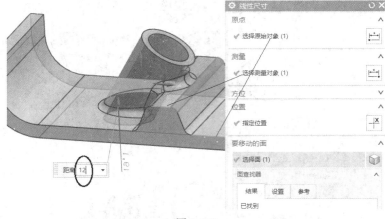

图 2-445

实例 36

2.36 实例 36

利用同步建模的方法将图 2-446（a）所示的三维图形修改为图 2-446（b）所示的尺寸图形。

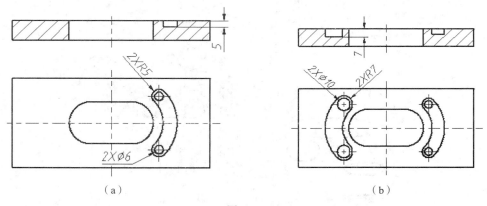

（a）　　　　　　　　　　　（b）

图 2-446

1. 打开原文件

打开零件的三维模型图。

2. 修改尺寸及形状

（1）使用 菜单(M)▼→"插入"→"同步建模"→"重用"→"复制面"命令，弹出对话框，选项如图 2-447 所示，最后单击"确定"按钮。

（2）使用 菜单(M)▼→"插入"→"同步建模"→"重用"→"粘贴面"命令，弹出对话框，选项如图 2-448 所示，最后单击"确定"按钮，完成后的图形如图 2-449 所示。

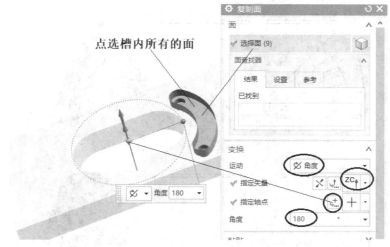

图 2-447

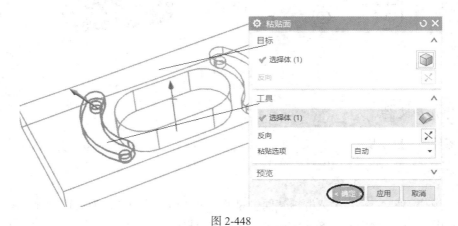

图 2-448

（3）使用建模的"偏置面"命令，在对话框里输入偏置数据–2，然后点选左边槽内的特征面，最后单击对话框中的"确定"按钮，完成后的图形如图 2-450 所示。

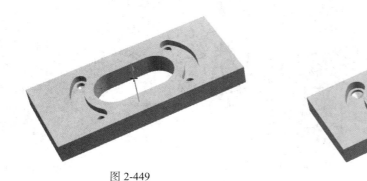

图 2-449　　　　　　　　　　　　　　　　　图 2-450

实例 37

2.37　实例 37

利用同步建模的方法将图 2-451（a）所示的图形修改为图 2-451（b）所示的图形。

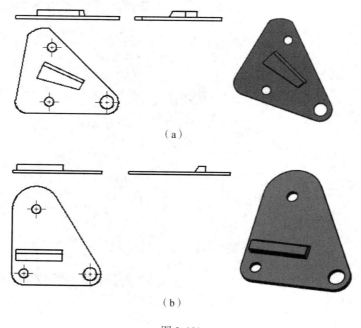

（a）

（b）

图 2-451

1. 打开原文件

打开零件的三维模型图。

2. 修改尺寸及形状

（1）使用 ☰ 菜单(M) ▾ →"插入"→"同步建模"→"相关"→"设为垂直"命令，弹出对话框，选项如图 2-452 所示，最后单击"确定"按钮完成操作。

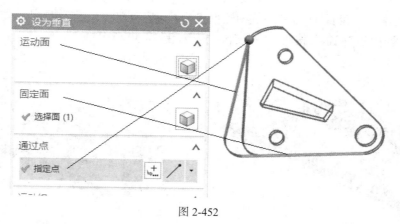

图 2-452

（2）使用"同步建模"→"相关"→"设为相切"命令，弹出对话框，选项如图 2-453 所示，最后单击"应用"按钮完成操作。

（3）继续使用"设为相切"命令，选项如图 2-454 所示，最后单击"确定"按钮完成操作。

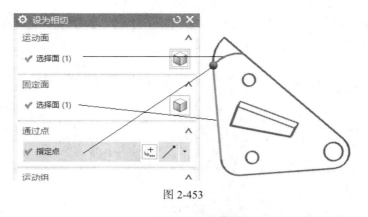

图 2-453

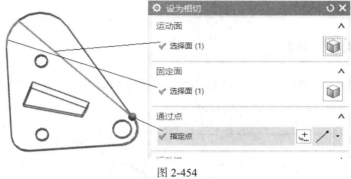

图 2-454

（4）使用"同步建模"→"相关"→"设为平行"命令，弹出对话框，选项如图 2-455 所示，最后单击"应用"按钮完成操作。继续使用"设为平行"命令，完成如图 2-456 所示的操作。

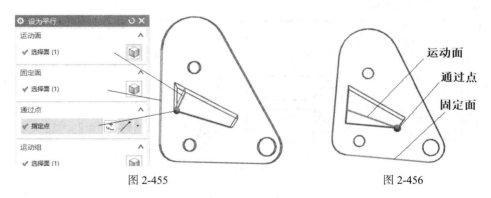

图 2-455　　　　　　　　　　　　　　　　　　图 2-456

（5）再次使用"设为垂直"命令，完成图 2-457、图 2-458 所示的操作。

图 2-457　　　　　　　　　　　　　　图 2-458

（6）使用"同步建模"→"相关"→"设为同轴"命令，完成图 2-459 所示的操作。

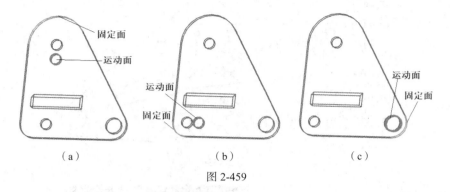

（a）　　　　　　　　（b）　　　　　　　　（c）

图 2-459

实例 38

2.38　实例 38

利用同步建模的方法将图 2-460（a）所示的图形修改为图 2-460（b）所示的图形。

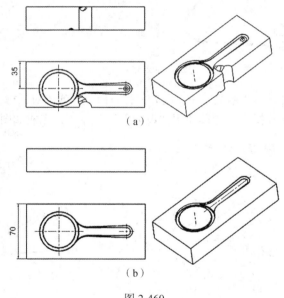

（a）

（b）

图 2-460

1．打开原文件

打开零件的三维模型图。

2．修改尺寸及形状

（1）使用 菜单(M)▼→"插入"→"同步建模"→"删除面"命令，弹出对话框，选项如图
2-461 所示。最后单击"应用"按钮，完成后的图形如图 2-462 所示。

（2）继续使用"删除面"命令，选其余要删除的面，最后单击"确定"按钮，完成后的图
形如图 2-463 所示。

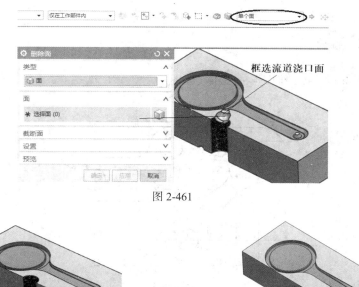

图 2-461

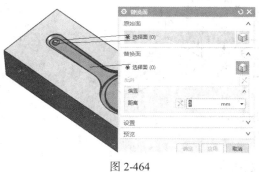

图 2-462

图 2-463

（3）使用"同步建模"→"替换面"命令，弹出对话框，选项如图 2-464 所示。最后单击"应用"按钮，完成后的图形如图 2-465 所示。

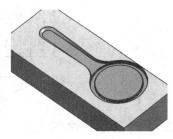

图 2-464

图 2-465

（4）继续使用 "替换面"命令，弹出对话框，选项如图 2-466 所示。最后单击"确定"按钮，完成后的图形如图 2-467 所示。

图 2-466

图 2-467

117

2.39 习题

1. 绘制图 2-468 所示二维图形的三维实体图。

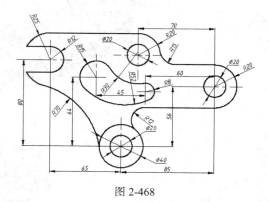

图 2-468

2. 绘制图 2-469 所示二维图形的三维实体图。

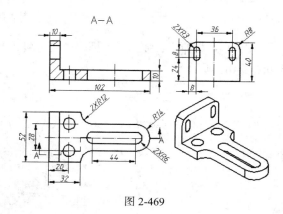

图 2-469

作图步骤提示：拉伸草图。

3. 绘制图 2-470 所示二维图形的三维实体图。

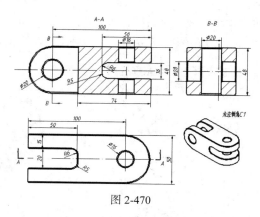

图 2-470

作图步骤提示：草图，拉伸，布尔求交，边倒圆，倒斜角。

习题 4

4. 绘制图 2-471 所示二维图形的三维实体图。

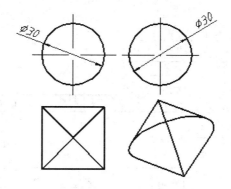

图 2-471

作图步骤提示：长方体，边倒圆。

习题 5

5. 绘制图 2-472 所示二维图形的三维实体图。

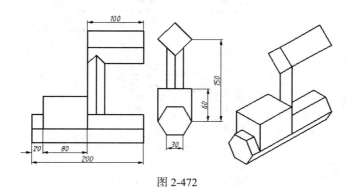

图 2-472

作图步骤提示：草图，拉伸，布尔求和。

习题 6

6. 绘制图 2-473 所示二维图形的三维实体图。

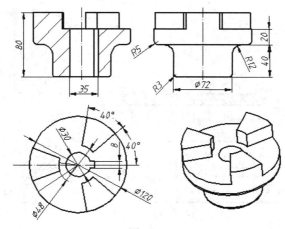

图 2-473

作图步骤提示：草图，拉伸，布尔求和，引用几何体，边倒圆。

7. 绘制图 2-474 所示二维图形的三维实体图。

习题 7

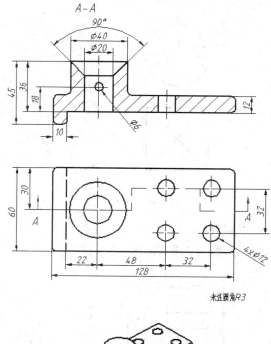

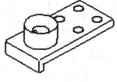

图 2-474

作图步骤提示：草图，拉伸，简单孔，埋头孔，边倒圆。

8. 绘制图 2-475 所示二维图形的三维实体图。

习题 8

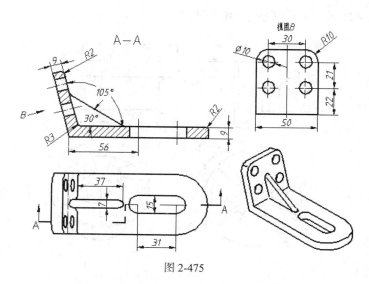

图 2-475

作图步骤提示：草图，拉伸，圆柱，简单孔，边倒圆。

习题 9

9. 绘制图 2-476 所示二维图形的三维实体图。

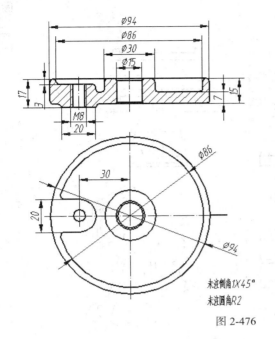

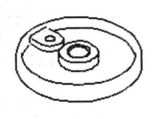

图 2-476

作图步骤提示：草图，拉伸，圆柱，简单孔，倒斜角，边倒圆。

10. 绘制图 2-477 所示二维图形的三维实体图。

习题 10

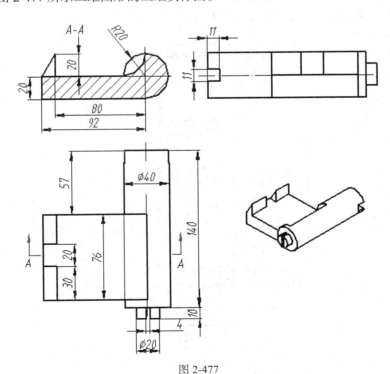

图 2-477

作图步骤提示：草图，拉伸，基准坐标系，圆柱。

11. 绘制图 2-478 所示二维图形的三维实体图。

习题 11

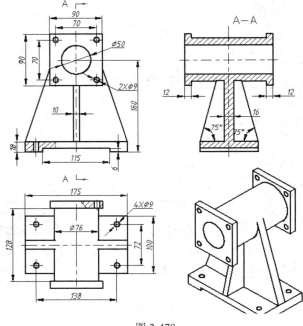

图 2-478

作图步骤提示：草图，拉伸，简单孔，镜像。

12. 绘制图 2-479 所示二维图形的三维实体图。

习题 12

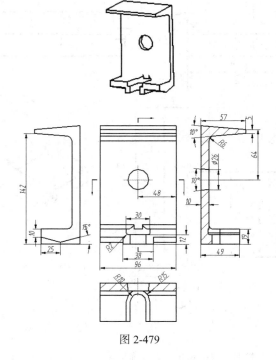

图 2-479

作图步骤提示：草图，拉伸，简单孔，拔模，边倒圆。

13. 绘制图 2-480 所示二维图形的三维实体图。

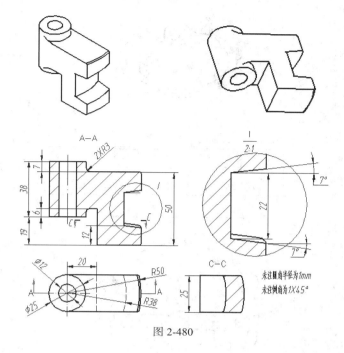

图 2-480

作图步骤提示：草图，拉伸，拔模，倒斜角，边倒圆。

14. 绘制图 2-481 所示的二维图形的三维实体图。

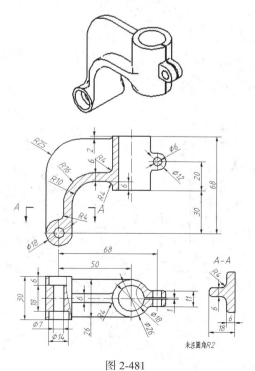

图 2-481

作图步骤提示：草图，拉伸，边倒圆。

15. 绘制图 2-482 所示二维图形的三维实体图。

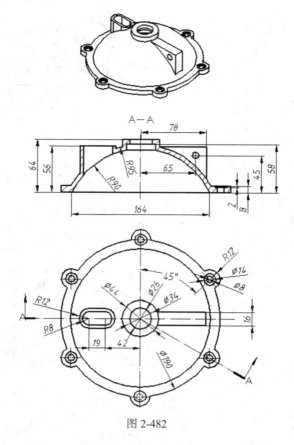

图 2-482

作图步骤提示：草图，拉伸，回转，简单孔，沉头孔。

16. 绘制图 2-483 所示二维图形的三维实体图。

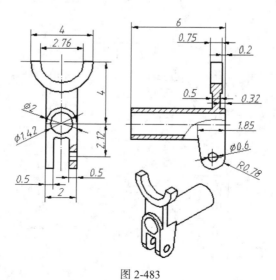

图 2-483

作图步骤提示：草图，拉伸，简单孔，镜像特征。

17. 绘制图 2-484 所示二维图形的三维实体图。

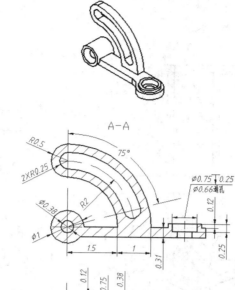

图 2-484

作图步骤提示：草图，拉伸，简单孔，沉头孔。

18. 绘制图 2-485 所示二维图形的三维实体图。

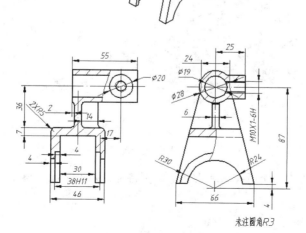

未注圆角R3

图 2-485

作图步骤提示：草图，拉伸，简单孔，边倒圆。

19. 绘制图 2-486 所示二维图形的三维实体图。

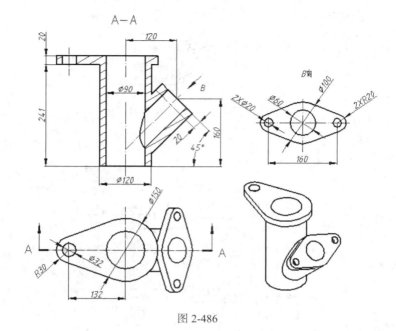

图 2-486

作图步骤提示：草图，圆柱，拉伸，基准坐标系，简单孔。

20. 绘制图 2-487 所示二维图形的三维实体图。

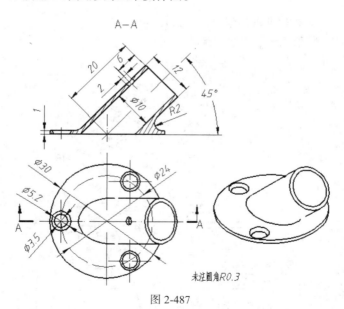

图 2-487

作图步骤提示：圆柱，简单孔，埋头孔，实例特征，基准平面，草图，拉伸，边倒圆，调整工作坐标系。

21. 绘制图 2-488 所示二维图形的三维实体图。

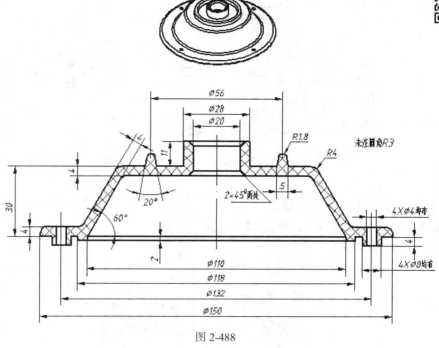

图 2-488

作图步骤提示：旋转草图，凸台，对特征形成图样，孔，边倒圆。

22. 绘制图 2-489 所示二维图形的三维实体图。

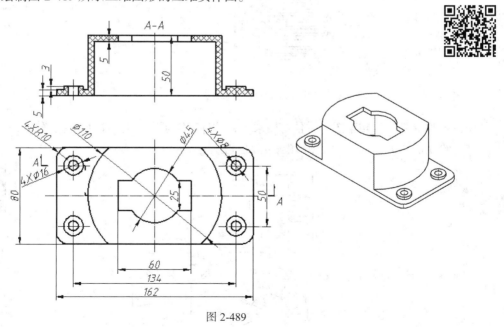

图 2-489

作图步骤提示：草图，拉伸，布尔运算，抽壳，凸台，孔，对特征形成图样。

23. 绘制图 2-490 所示二维图形的三维实体图。

图 2-490

作图步骤提示：草图，拉伸，抽壳，偏置面，求和，边倒圆。

24. 绘制图 2-491 所示二维图形的三维实体图。

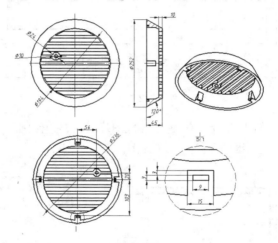

图 2-491

作图步骤提示：旋转草图，拉伸草图求差，拉伸草图求和，对特征形成图样。

25. 绘制图 2-492 所示二维图形的三维实体图。

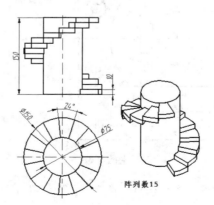

阵列数15

图 2-492

作图步骤提示：拉伸，阵列特征。

26. 绘制图 2-493 所示二维图形的三维实体图。

习题 26

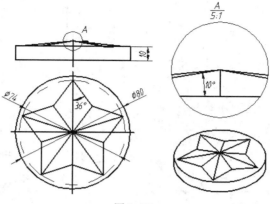

图 2-493

作图步骤提示：草图，拉伸，基准平面，修剪，镜像，阵列特征。

27. 绘制图 2-494 所示二维图形的三维实体图。

习题 27

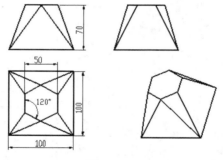

图 2-494

作图步骤提示：3 个视图拉伸求交，基准平面，交点，剪切。

28. 绘制图 2-495 所示的二维图形的三维实体图。

习题 28

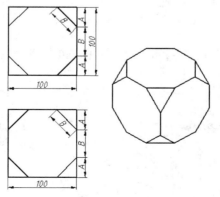

图 2-495

作图步骤提示：长方体，草图，基准平面，剪切，阵列特征，镜像特征。

29. 利用同步建模的方法将图 2-496（a）所示的三维图形修改为图 2-496（b）所示的图形。

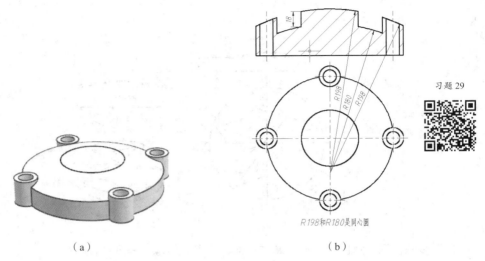

（a）　　　　　　　　　　（b）

图 2-496

30. 利用同步建模的方法将图 2-497（a）所示的三维图形修改为图 2-497（b）所示的图形。

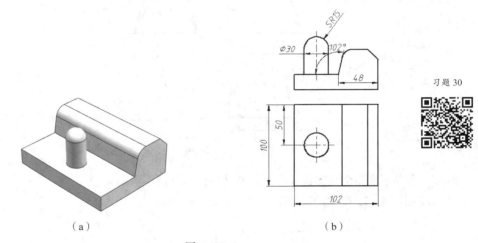

（a）　　　　　　　　　　（b）

图 2-497

31. 利用同步建模的方法将图 2-498（a）所示的三维图形修改为图 2-498（b）所示的图形。

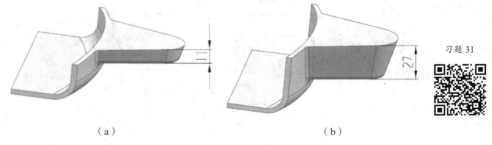

（a）　　　　　　　　　　（b）

图 2-498

32. 利用同步建模的方法将图 2-499（a）所示的图形修改为图 2-499（b）所示的图形。

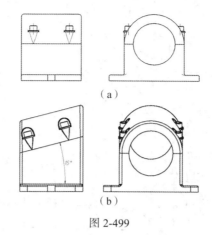

（a）

（b）

图 2-499

33. 绘制图 2-500 所示二维图形的三维实体图。

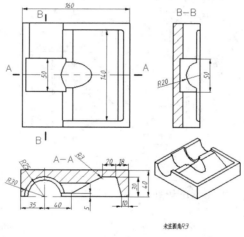

图 2-500

34. 绘制图 2-501 所示二维图形的三维实体图。

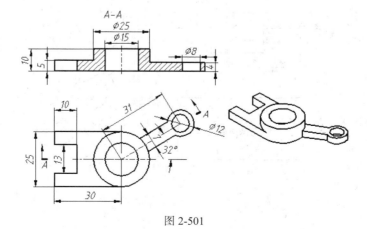

图 2-501

35. 绘制图 2-502 所示二维图形的三维实体图。

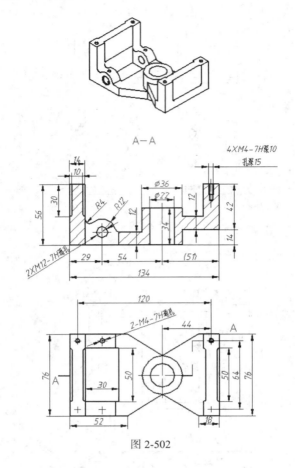

图 2-502

36. 绘制图 2-503 所示二维图形的三维实体图。

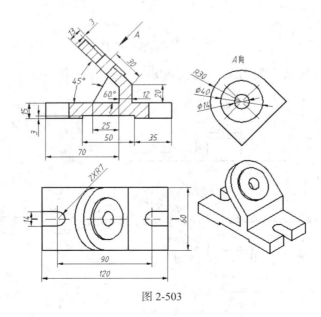

图 2-503

37. 绘制图 2-504 所示二维图形的三维实体图。

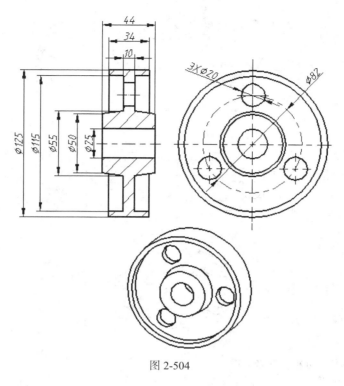

图 2-504

38. 绘制图 2-505 所示二维图形的三维实体图。

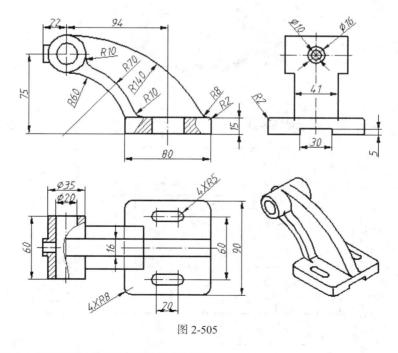

图 2-505

39. 绘制图 2-506 所示二维图形的三维实体图。

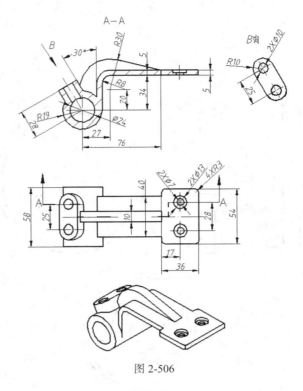

图 2-506

40. 绘制图 2-507 所示二维图形的三维实体图。

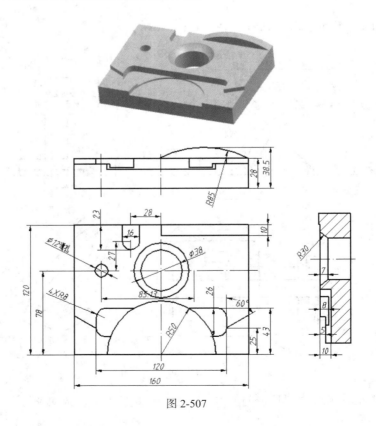

图 2-507

41. 绘制图 2-508 所示二维图形的三维实体图。

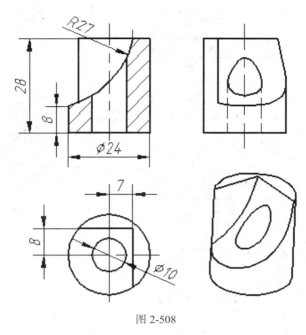

图 2-508

42. 绘制图 2-509 所示二维图形的三维实体图。

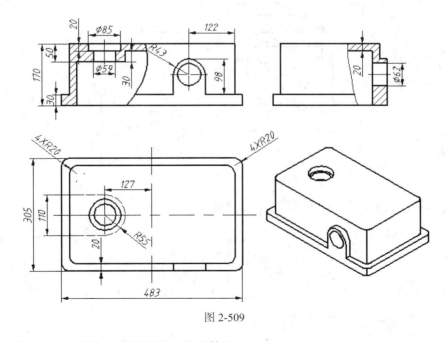

图 2-509

43. 绘制图 2-510 所示二维图形的三维实体图。

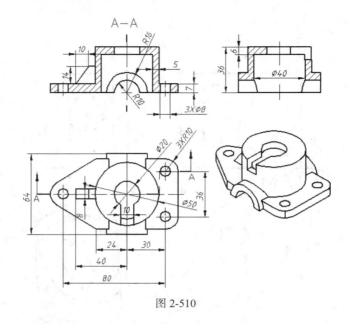

图 2-510

44. 绘制图 2-511 所示二维图形的三维实体图。

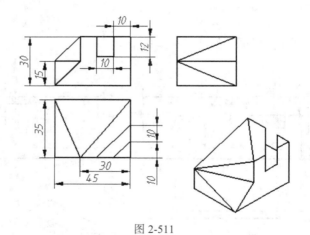

图 2-511

45. 绘制图 2-512 所示二维图形的三维实体图。

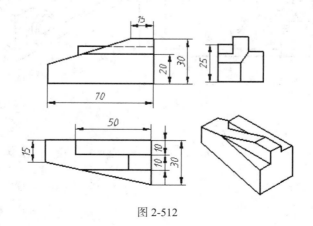

图 2-512

第3章
曲面形状实体建模实例

本章将以 12 个具有各种类型的曲面实体建模为例，从简单到复杂详细地介绍各种曲面的构建方法。读者通过对本章的学习，能较熟练地应用 UG NX 12.0 构建曲面的命令完成各种类型的曲面实体建模。

3.1 实例 1 多尺寸孔面实体建模

实例 1

绘制图 3-1 所示的二维工程图的三维实体模型。

（1）插入一个 $100 \times 100 \times 30$ 的长方体，如图 3-2 所示。

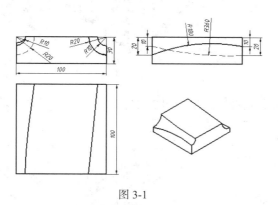

图 3-1

图 3-2

（2）在长方体 4 个侧面绘制图 3-3、图 3-4、图 3-5、图 3-6 所示的环境草图，全部完成后将图形线框化，如图 3-7 所示。

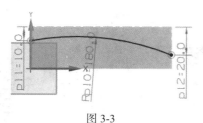

图 3-3

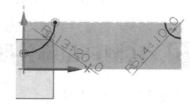

图 3-4

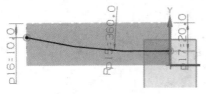

图 3-5　　　　　　　　　　　　　图 3-6

（3）创建曲面。使用 ![] 菜单(M) ▾→ "插入" → "扫掠" 命令，创建两个曲面，如图 3-8 所示。

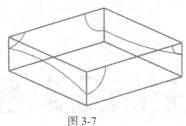

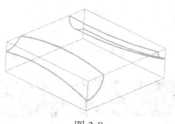

图 3-7　　　　　　　　　　　　　图 3-8

（4）修剪。使用 ![] 修剪体命令，将长方体的左边角修剪掉，结果如图 3-9 所示。

使用 ![] 菜单(M) ▾→ "编辑" → "曲面" → "扩大" 命令，将右边曲面扩大穿透实体，如图 3-10 所示。

图 3-9　　　　　　　　　　　　　图 3-10

再使用 ![] 修剪体命令，将长方体的右边角修剪掉，结果如图 3-11 所示。

最后将实体单独移至一个层且关闭其他层，结果如图 3-12 所示。

图 3-11　　　　　　　　　　　　　图 3-12

3.2　实例 2 鼠标外形实体建模

实例 2

绘制图 3-13 所示的实体图形。

（1）以（-50，-30，0）为基点，插入 100×60×40 的长方体，如图 3-14 所示。

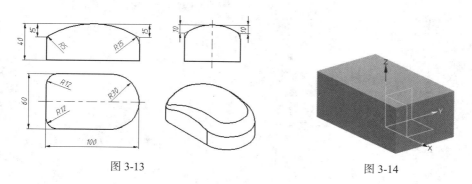

图 3-13　　　　　　　　　　　　　　　图 3-14

使用"在任务环境中绘制草图"命令，然后选视图中的 XC-ZC 基准平面，绘制图 3-15 所示的草图。

（2）再使用"在任务环境中绘制草图"命令，选视图中 YC-ZC 基准平面，绘制图 3-16 所示的草图。

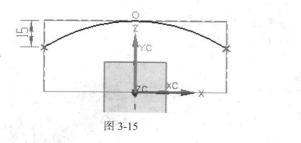
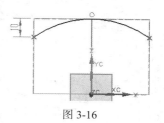

图 3-15　　　　　　　　　　　　　　　图 3-16

（3）单击 菜单(M) ▾ →"插入"→"扫掠"命令，弹出图 3-17 所示的"扫掠"对话框。点选一条圆弧线，然后按两次鼠标中键；再点选另一条弧线，再次按两次鼠标中键完成了弧面的创建，如图 3-18 所示。

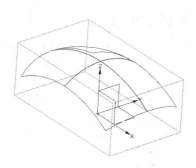

图 3-17　　　　　　　　　　　　　　　图 3-18

（4）单击 菜单(M) ▾ →"编辑"→"曲面"→"扩大"命令，弹出图 3-19（b）所示的对话框。在对话框中勾选"全部"，然后用鼠标按住图形曲面上的点并往外拖动，扩大已构建的圆弧曲面，目的是要能完全穿透实体，如图 3-19（a）所示，单击"确定"按钮，完成曲面扩大操作。

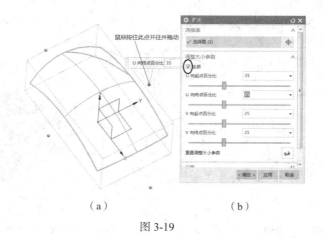

（a）　　　　　　　　　　　（b）

图 3-19

（5）利用 修剪体 命令，以长方体为修剪对象，曲面为工具，如图 3-20 所示，完成修剪操作。将曲线、曲面移至其他图层并关闭这些图层。

（6）利用边倒圆命令，倒两个 R30 棱边角及 R12 两个棱边角，得出图 3-21 所示的图形。

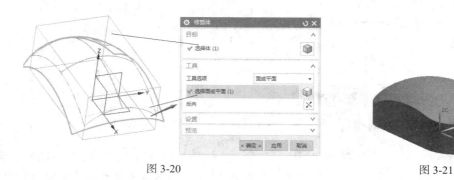

图 3-20　　　　　　　　　　　　　　　　　　　　　图 3-21

（7）再次利用边倒圆命令，首先选要倒圆的边，如图 3-22（b）所示，然后单击图 3-22（a）所示的对话框中的"变半径"按钮，接着单击指定新位置 ，弹出"点"对话框，再点选图形一个半径点，然后单击"确定"按钮。再单击不同半径圆的点，每选一个点就输入要倒圆的半径，总共选 4 个点，分别输入 4 个半径，如图 3-23 所示，然后单击"确定"按钮，完成不同半径的圆角棱边倒圆创建。最后的图形如图 3-24 所示。

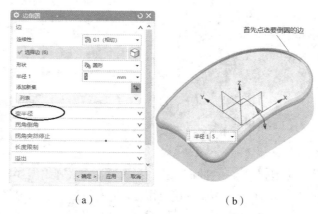

（a）　　　　　　　　　　　（b）

图 3-22

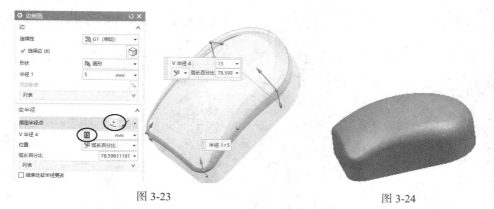

图 3-23　　　　　　　　　　　　　　　　　图 3-24

3.3　实例 3 三棱曲面凸台建模

实例 3

绘制图 3-25 所示的二维图形的三维实体图。

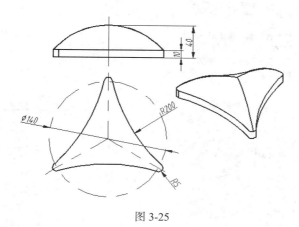

图 3-25

（1）单击 菜单(M) ▾ →"插入"→"在任务环境中绘制草图"命令，在 X-Y 基准面绘制图 3-26 所示的草图。

同样在 X-Z 基准面绘制图 3-27 所示的草图。

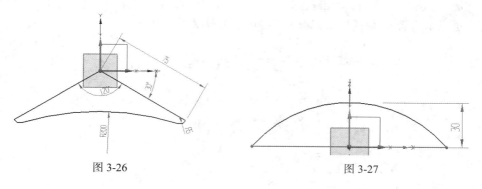

图 3-26　　　　　　　　　　　　　　　　　图 3-27

（2）完成草图后，使用 菜单(M) ▾ →"插入"→"基准/点"→"点"命令，构建圆弧与 Y-Z 基准面的交点，如图 3-28 所示。

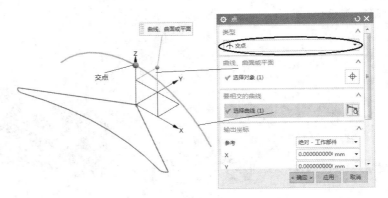

图 3-28

（3）单击 菜单(M) ▾ →"插入"→"派生曲线"→"组合投影"命令，弹出图 3-29 所示的对话框，曲线 1 选择 X-Y 基准面的两条直线，单击鼠标中键后，曲线 2 选择 X-Z 基准面的圆弧线，单击对话框中的"确定"按钮后，得出图 3-30 所示的空间两条投影曲线。

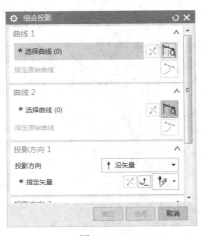

图 3-29

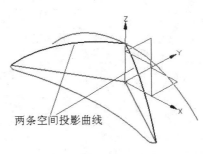

图 3-30

（4）单击 菜单(M) ▾ →"插入"→"网格曲面"→"通过曲线网格"命令，弹出"曲线网格"对话框，先选 X-Y 基准面的圆弧曲线为第 1 主曲线，然后单击鼠标中键确认，再选 Z 轴上的交点为第 2 主曲线，然后连续两次单击鼠标中键，选两条交叉曲线（同样每点选一条交叉曲线后要单击鼠标中键以示确认），最后单击"确定"按钮，出现图 3-31 所示的图形。

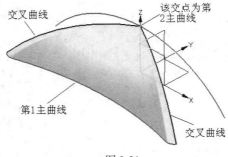

图 3-31

（5）使用"阵列特征" 命令，弹出对话框，选项及数据如图 3-32 所示，指定点选底面中心，单击"确定"按钮，图形如图 3-33 所示。

图 3-32

图 3-33

（6）单击 菜单(M) ▼→"插入"→"曲面"→ "有界平面"命令，出现"有界平面"对话框，点选图形底部的边作为边界线串，然后单击"确定"按钮，做出底平面，如图 3-34 所示。

（7）单击 菜单(M) ▼→"插入"→"组合体"→"缝合"命令，出现"缝合"对话框，选择做好的 3 个网格曲面及底面有界平面，然后单击"确定"按钮，将这些封闭的曲面缝合成实体。

（8）使用"拉伸"命令，将底平面拉伸 10，并与已建成的实体"求和"成一体，再将实体移至一单独层，关闭其他的层，最后的图形如图 3-35 所示。

图 3-34

图 3-35

3.4 实例4 放大镜实体建模

实例 4

放大镜的二维图如图 3-36 所示，要求绘制三维实体模型。

1．绘制镜片部分

使用 菜单(M) ▼→"插入"→"设计特征"→"回转"命令，选择 X-Z 基准平面，绘制出图 3-37 所示草图，选择已画好的草图图形进行回转操作。完成操作后，放大镜的镜片部分如图 3-38 所示。

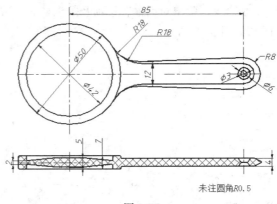

图 3-36

使用"边倒圆"命令，完成镜面部分的倒圆，如图 3-39 所示。

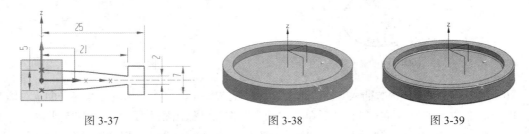

图 3-37　　　　　　　　图 3-38　　　　　　　　图 3-39

2. 绘制手柄部分

（1）为了绘图视窗清晰，最好关闭绘制好的镜片部分，单击 菜单(M) →"格式"→"图层设置"命令，弹出对话框。在工作图层项输入 21 并按 Enter 键，此时的绘图工作图层变为 21 层，关闭图层 1（去掉勾选），如图 3-40 所示，然后关闭对话框。

（2）使用 菜单(M) →"插入"→"在任务环境中绘制草图"命令，在 X-Y 基准平面绘制图 3-41 所示的草图。

图 3-40

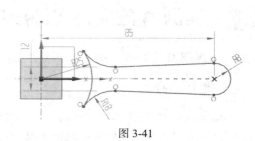

图 3-41

（3）将图层工作层设置为 22 并关闭图层 21，然后再使用"在任务环境中绘制草图"命令，在出现的"创建草图"对话框中的选择如图 3-42 中黑圈所示的选项，然后点选 X-Y 基准面，输入距离 2，指定点为（0，0，0），然后单击"确定"按钮，即可在 X-Y 基准面的上方 2 mm 的平面上绘制图 3-43 所示的草图。

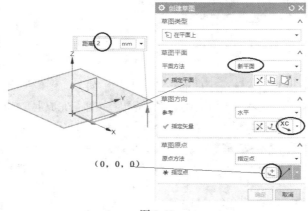

图 3-42

（4）然后打开图层 22，可见两条空间曲线如图 3-44 所示。

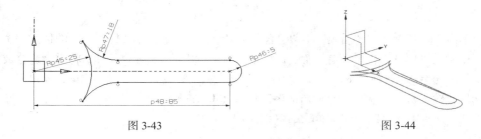

图 3-43　　　　　　　　　　　　　　　图 3-44

（5）设置工作图层为 2，然后单击 ▤ 菜单(M) ▾ →"插入"→"网格曲面"→"通过曲线组"命令，弹出图 3-45（a）所示的对话框。将视窗上方选项条选项定为 单条曲线 ┼┼，接着选图 3-45（b）所示的截面线 1，然后单击鼠标中键，再选截面选线 2（选前看选项条是否有变化，要确保选项为"单条曲线"），然后单击"应用"按钮，就出现图 3-45（b）所示手柄的弧面。最后将选项条选项改为 相切曲线 ┼┼，重复上述步骤，选择图 3-46 所示的截面线 1、截面线 2，单击"确定"按钮，完成手柄侧面构建操作。完成的图形如图 3-46 所示。

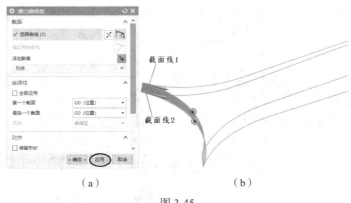

（a）　　　　　　　　　　　（b）

图 3-45

145

截面线1
截面线2

图 3-46

（6）单击 菜单(M) → "插入" → "曲面" → "有界平面" 命令，弹出图 3-47 所示的对话框后，点选上平面的封闭曲线。接着单击对话框中的"应用"按钮，完成上平面的构建，图形如图 3-47（b）所示，然后点选下平面的封闭曲线，再单击对话框中的"确定"按钮，完成下平面的构建。

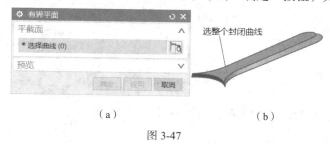

（a）   （b）

图 3-47

（7）单击 菜单(M) → "插入" → "组合" → "缝合" 命令，点选任手柄上的任意一个曲面，单击鼠标中键后再框选手柄上所有曲面，最后单击对话框中的"确定"按钮，将手柄缝合成实体。

（8）单击 菜单(M) → "插入" → "设计特征" → "圆锥" 命令，出现图 3-48（a）所示的"圆锥"对话框，输入数据及选项，完成后的图形如图 3-48（b）所示。

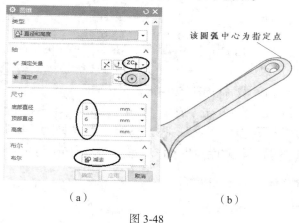

（a）   （b）

图 3-48

（9）使用 菜单(M) → "插入" → "关联复制" → "镜像几何体" 命令，通过 X-Y 平面镜像得到如图 3-49 所示完整的手柄图形。

（10）使用 合并命令，选择手柄上下两个半边加起来构成一个实体。

（11）关闭草图 21、22 层，然后使用 "边倒圆" 命令，将手柄边缘倒圆角。

（12）打开图层 1 并将其设置为工作层，再使用 合并命令，选择镜片手柄加起来构成一个实体。

（13）再将手柄上的锐边按照图纸尺寸要求倒圆，最后的图形如图 3-50 所示。

图 3-49

图 3-50

3.5　实例 5 苹果造型实体建模

实例 5

绘制图 3-51 所示的苹果二维图形的三维实体图。

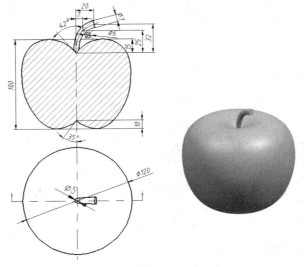

图 3-51

1.　绘制苹果体

（1）使用"旋转" 命令，在 X-Z 基准平面绘制图 3-52 所示的草图并转换成参考线。

（2）在草图环境下，使用 菜单(M) → "插入" → "曲线" → "艺术样条"命令，弹出对话框，然后在参考线框架下点选 10 个点，构成大致曲线轮廓，如图 3-53 所示。

图 3-52

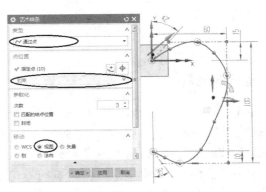

图 3-53

（3）在不退出对话框的情况下，使用 菜单(M) ▾ →"分析"→"曲线"→"显示曲率梳"命令，通过移动曲线上的点来辅助调整曲线的形状。另外，单击对话框中的约束下拉符号，分别选取点 1 及点 10 与相应的框线相切，如图 3-54 所示。

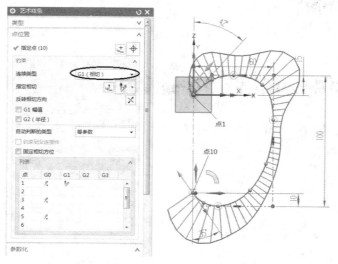

图 3-54

（4）退出"曲率梳"，然后单击"艺术样条"对话框中的"确定"按钮，完成的草图如图 3-55 所示。

（5）完成草图后绕 Z 轴及原点旋转，得出图 3-56 所示的苹果体图形。

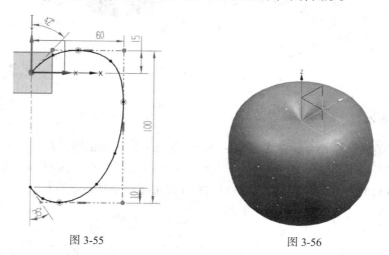

图 3-55　　　　　　　　　　　　　　　图 3-56

2. 绘制苹果枝

（1）单击 菜单(M) ▾ →"插入"→"在任务环境中绘制草图"命令，选择 X-Z 基准面，在草图环境下使用 菜单(M) ▾ →"插入"→"曲线"→"艺术样条"命令，弹出对话框，指定点 3，大致绘制苹果枝的样条曲线，如图 3-57 所示。

（2）单击"艺术样条"对话框的约束下拉符号，选取点 1 与 Y 轴相切，如图 3-58 所示，然后单击对话框中的"确定"按钮，再在草图环境下标注尺寸，如图 3-59 所示。

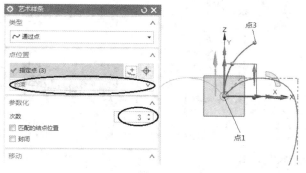

图 3-57

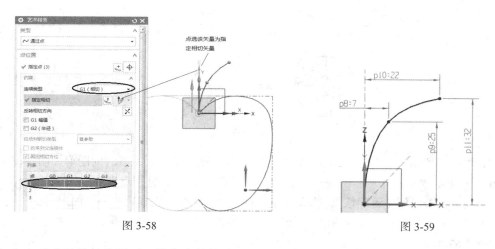

图 3-58　　　　　　　　　　　　　　　　　图 3-59

（3）完成苹果枝的草图后，首先在枝的（0，0，0）点及 X-Y 面绘制 φ5 草图，然后在（7，0，25）点及曲线的法线方向绘制 φ6 草图，该点绘制草图的具体做法如下。

（4）单击 菜单(M) →"插入"→"在任务环境中绘制草图"命令，弹出图 3-60 所示的对话框，选项如黑圈所示，然后单击"指定平面"的 图标，弹出图 3-61 所示的对话框。单击指定点图标，弹出图 3-62 所示的点位置对话框，输入数据，再单击"确定"按钮，回到图 3-61 所示的对话框。单击 指定矢量 ，然后鼠标点选苹果枝曲线，要尽可能靠近（7,0,25）点选曲线，如图 3-63 所示，接着单击"确定"按钮，回到图 3-60 所示的对话框。再单击对话框的草图原点 图标，输入图 3-62 所示的坐标值，单击"确定"→"确定"按钮，进入绘制草图基准面绘制图 3-64所示的草图 φ6 圆。

图 3-60　　　　　　　　　　　　　　　　　图 3-61

图 3-62   图 3-63

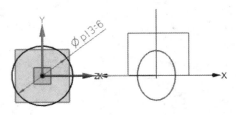

图 3-64

（5）最后在坐标（22，0，32）点及点的法线方向草绘 $\phi 7$ 圆，完成后的图形如图 3-65 所示。

（6）使用 菜单(M) ▾→ "插入" → "扫掠" → "扫掠" 命令，分别点选 3 个圆为截面线（注意每选 1 个圆后单击鼠标中键确认），然后再点选弧线为引导线，完成后的图形如图 3-66 所示。

（7）打开苹果体图层，将枝和体 "求和"，并将整体移至一个单独层，关闭其他层，此时的图形如图 3-67 所示。

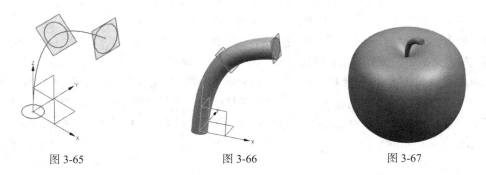

图 3-65   图 3-66   图 3-67

3.6   实例 6 鼠标上盖造型实体建模

实例 6

将图 3-68 所示的鼠标上盖二维图形绘制成三维实体图。

1. 绘制草图

（1）在 X-Y 基准平面绘制图 3-69 所示的草图。

在进入草图界面后，先绘制一个 50×30 的矩形并转换为参考线，然后使用 菜单(M) ▾→ "插入" → "曲线" → "艺术样条" 命令，绘制大致的曲线轮廓，使用 菜单(M) ▾→ "分析" → "曲线" → "显示曲率梳" 命令，辅助调整曲线的形状。

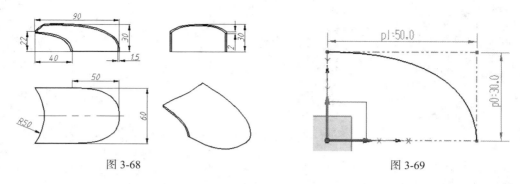

图 3-68　　　　　　　　　　　　　　　　　　图 3-69

（2）在图 3-70 所示的离 X-Z 基准平面 30 mm 的基准平面绘制草图，同样也使用"艺术样条"命令绘制一条样条曲线，接着再偏置 2 mm 构建一条偏置曲线，然后绘制两条短直线将两条曲线封闭，如图 3-71 所示。

（3）在初始的坐标系 X-Y 基准面绘制一个 φ100 的圆，如图 3-72 所示。

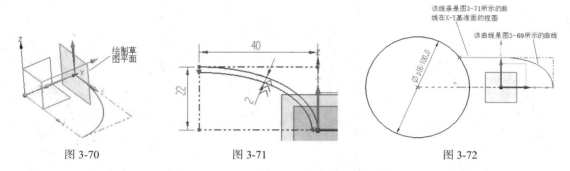

图 3-70　　　　　　　　　　图 3-71　　　　　　　　　　图 3-72

（4）在初始坐标系 X-Z 基准面绘制图 3-73 所示的样条曲线草图。

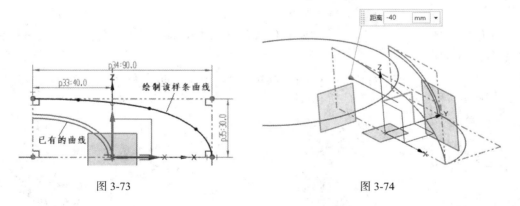

图 3-73　　　　　　　　　　　　　　　图 3-74

（5）在距离初始坐标系 Y-Z 基准面–40 mm 的平行基准平面如图 3-74 所示，绘制图 3-75 所示的样条曲线草图。隐去矩形参考线后，此时完成的所有草图曲线如图 3-76 所示。

2. 镜像曲线

使用雪 菜单(M) ▼ →"插入"→"派生曲线"→"镜像"命令。将曲线相对于 X-Z 基准面镜像，得到的图形如图 3-77 所示。

图 3-75

图 3-76

3. 构建曲面

（1）使用 菜单(M) ▾ →"插入"→"网格曲线"→"通过曲线网格"命令，完成曲面构建，如图 3-78 所示。

（2）使用 菜单(M) ▾ →"插入"→"网格曲面"→"通过曲线组"命令，构建两侧平面，如图 3-79 所示。

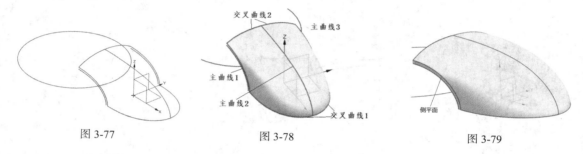

图 3-77

图 3-78

图 3-79

（3）使用 菜单(M) ▾ →"插入"→"组合"→"缝合"命令，将所有片体缝合成一个片体。

4. 构建实体

（1）使用 菜单(M) ▾ →"插入"→"偏置/缩放"→"加厚"命令，将片体加厚 1.5 mm 成为实体，如图 3-80 所示。

（2）使用"拉伸"命令，将草图 ϕ100 的圆拉伸，并与实体布尔"减去"。

（3）将实体移至单独层，关闭所有其他层，得出的最终图形如图 3-81 所示。

图 3-80

图 3-81

3.7 实例 7 灯罩实体建模

将图 3-82 所示的灯罩外形二维图绘制成三维图形。

实例 7

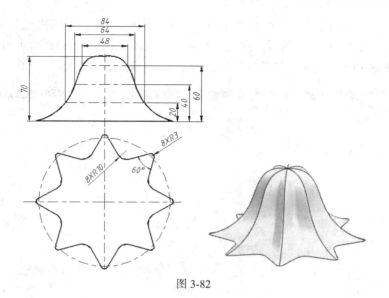

图 3-82

绘制任务环境中的草图，如图 3-83 所示。

（1）使用 菜单(M)▼ → "插入" → "来自曲线集的曲线" → "阵列曲线" 命令，复制八等份，然后使用 菜单(M)▼ → "插入" → "曲线" → "圆角" 命令，得出图 3-84 所示的草图。

（2）完成草图后，再使用 菜单(M)▼ → "插入" → "曲线" → "基本曲线" 命令，若没找到基本曲线命令，则在视窗右上部查找命令栏里搜索，如图 3-85 所示，弹出图 3-86 所示的对话框，用鼠标右键单击 "基本曲线（原有）解释栏 → "在菜单上显示" 即可。

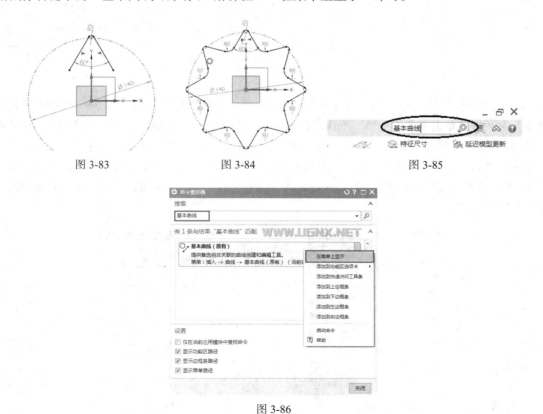

图 3-83　　　　　图 3-84　　　　　图 3-85

图 3-86

（3）使用"基本曲线"命令，弹出图 3-87 所示的对话框。单击"点构造器"弹出"点"对话框，输入圆心坐标，如图 3-88 所示，单击"确定"按钮后弹出图 3-89 所示的对话框，输入圆弧上一点坐标如黑圈所示，再单击"确定"按钮，完成一个圆的构建，如图 3-90 所示。

图 3-87　　　　　　　　　　图 3-88　　　　　　　　　　图 3-89

（4）以同样的方法，在点（32，0，40）和点（24，0，60）处构建两个圆，如图 3-91 所示。

（5）使用 菜单(M) ▾ →"插入"→"基准/点"→"点"命令，在（0，0，70）处构建一个点，如图 3-92 所示。

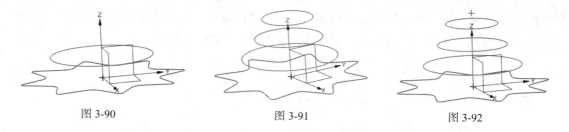

图 3-90　　　　　　　　　　图 3-91　　　　　　　　　　图 3-92

（6）使用 菜单(M) ▾ →"插入"→"曲线"→"艺术样条"命令，弹出图 3-93 所示的"艺术样条"对话框。单击"点构造器"按钮，接着点选最上面的新构建的点，然后单击"点"对话框中的"确定"按钮，回到"艺术样条"对话框。继续单击"点构造器"按钮，在弹出的"点"对话框里"类型"下拉选"象限点"，如图 3-94 所示，再点选上部的第 1 个圆弧。依此类推，点选第 2、3 个圆弧以及底面的 $R3$ 圆弧，然后单击"确定"→"确定"按钮，完成一条样条曲线的构建，如图 3-95 所示。

图 3-93

图 3-94

（7）使用"阵列特征"命令，复制出另外 7 条曲线，如图 3-96 所示。

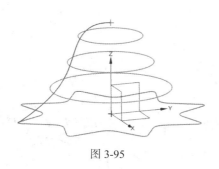

图 3-95

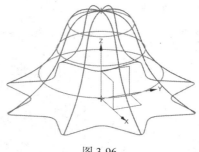

图 3-96

（8）使用"通过曲线网格"命令，将底面一段曲线以及顶点分别作为"主曲线"，以两根相邻的艺术样条曲线作为交叉曲线，构建图 3-97 所示的曲面。

（9）使用"阵列特征"命令，复制出另外 7 个曲面，如图 3-98 所示。

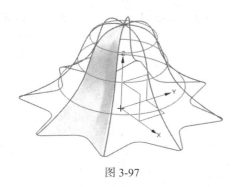

图 3-97

图 3-98

（10）使用 菜单(M) ▾ →"插入"→"曲面"→"有界平面"命令，将底面封住，如图 3-99 所示。

（11）使用"缝合"命令将所有的曲面缝合以构成一个实体。

（12）使用 菜单(M) ▾ →"编辑"→"变换"命令，弹出"变换"对话框。点选构建的实体，然后单击对话框中的"确定"按钮，弹出图 3-100 所示的对话框。单击"比例"按钮，弹出图 3-101 所示的对话框，输入缩放基点如黑圈所示。再单击"确定"按钮，弹出图 3-102 所示的对话框，输入数据如黑圈所示。然后单击"确定"按钮，又出现图 3-103 所示的对话框，单击"复制"按钮，再单击"取消"，就完成了一个缩小比例的实体复制。

图 3-99

图 3-100

图 3-101

图 3-102

（13）使用"减去"命令，以外面的实体为目标，以缩小的实体为工具，完成实体的掏空操作，图形的结果如图 3-104 所示。

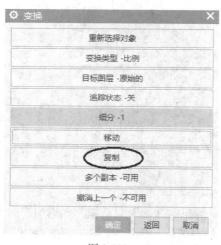

图 3-103

图 3-104

（14）最后将实体单独移至一个层，关闭其他的层。

3.8 实例 8 螺旋槽轴实体建模

实例 8

将图 3-105 所示的二维图绘制成三维图形。

（1）使用"圆柱"命令，构建图 3-106 所示 $\phi 60 \times 100$ 圆柱体。

（2）绘制螺旋展开曲线及缠绕曲线。

（3）将绘图工作层设置为第 21 层，使用 菜单(M)▼ →"插入"→"基准/点" →"基准平面"命令，创建与圆柱相切的基准平面，如图 3-107 所示。

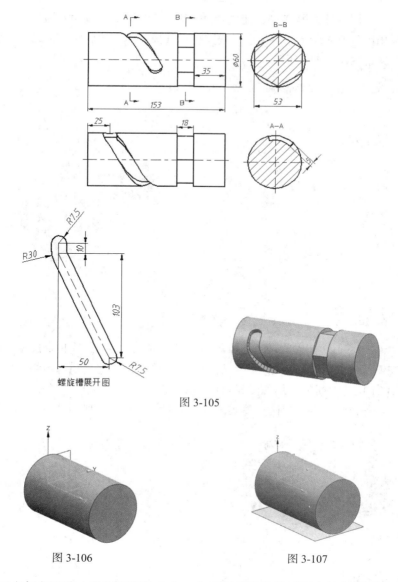

图 3-105

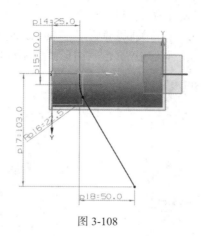

图 3-106　　　　　　　　　　　　图 3-107

（4）使用"在任务环境中绘制草图"命令，在新创建的基准平面上绘制图 3-108 所示的草图。

图 3-108

（5）将绘图工作层设置为第 2 层，使用 菜单(M) ▾ →"插入"→"派生曲线"→"缠绕/展开曲线"命令，弹出图 3-109 所示的对话框，按照提示选择各项，然后单击"确定"按钮，完成缠绕曲线的创建，图形如图 3-110 所示。

图 3-109

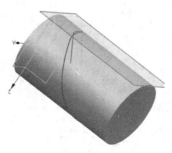

图 3-110

1. 创建螺旋槽的修剪工具

（1）使用 菜单(M) ▾ →"插入"→"扫掠"→"管"命令，将缠绕线扫掠成 $\phi15$ 的管道，再使用"球"命令在缠绕线的两端插入球体，然后使用"求和"命令将管道与球组合成一个实体。

（2）关闭第 21 层，此时的图形如图 3-111 所示。

（3）使用"修剪体"命令，以圆柱体表面为工具对管道修剪，如图 3-112 所示。

图 3-111

图 3-112

2. 创建螺旋槽

（1）关闭第 1 层，将工作层设置为第 3 层。

（2）使用 菜单(M) ▾ →"插入"→"关联复制"→"抽取几何特征"命令，弹出图 3-113 所示的对话框，选项如黑圈所示，完成后关闭第 2 层，图形如图 3-114 所示。

图 3-113

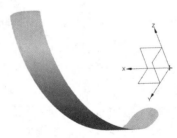

图 3-114

（3）使用 <menu> 菜单(M) ▾ → "插入" → "偏置/缩放" → "加厚" 命令，将偏体加厚 5 mm 成实体，如图 3-115 所示，注意在选择偏体之前将选项栏下拉选为 <icon> 单个面 ▾。

（4）将绘图工作层设置为第 1 层，使用 "减去" 命令，以圆柱体为目标，以加厚的偏体为工具，在圆柱体上创建螺旋槽，完成后再关闭第 3 层，图形结果如图 3-116 所示。

图 3-115

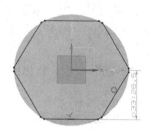

图 3-116

3. 拉伸六边形实体及圆台

（1）使用 "拉伸" 命令，在圆柱端面绘制图 3-117 所示的草图，拉伸 18 mm 长度，完成后的图形如图 3-118 所示。

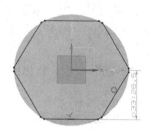

图 3-117

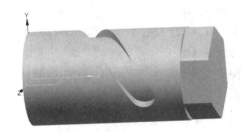

图 3-118

（2）继续使用 "拉伸" 命令，在六边形柱体上创建一个 $\phi 60 \times 35$ 圆台，最终图形如图 3-119 所示。

图 3-119

3.9　实例 9 螺旋叶轮实体建模

实例 9

将图 3-120 所示的螺旋叶轮二维图绘制成三维图形。

（1）使用 <menu> 菜单(M) ▾ → "插入" → "在任务环境中绘制草图" 命令，在 X-Y 基准面绘制如图 3-121 所示的草图。

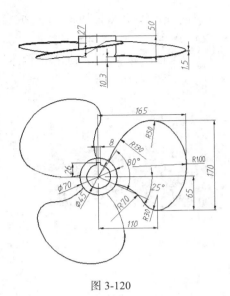

图 3-120

图 3-121

（2）单击 菜单(M) ▼ →"插入"→"曲线"→"螺旋线"命令，弹出图 3-122 所示的对话框，输入图中黑圈所示的数据，然后单击"应用"按钮，绘出第一条空间螺旋线。再将对话框中的半径大小改为 170，其他参数不变，如图 3-123 所示，然后单击"确定"，绘出第二条空间螺旋线，此时的图形如图 3-124 所示。

（3）使用 菜单(M) ▼ →"插入"→"网格曲面"→"通过曲线组"命令，作出图 3-125 所示的空间曲面。

图 3-122

图 3-123

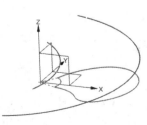

图 3-124

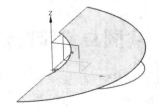

图 3-125

（4）使用 菜单(M) ▾ →"插入"→"派生曲线"→"投影"命令，将 X-Y 基准面的草图投影
到空间曲面上，如图 3-126 所示。

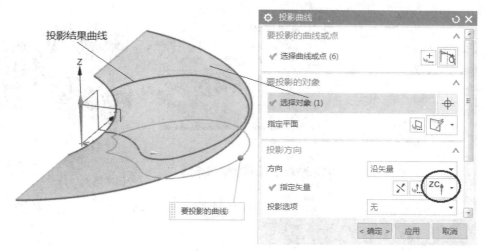

图 3-126

（5）使用 菜单(M) ▾ →"插入"→"修剪"→"修剪片体"命令，得到图 3-127 所示的片体。

（6）使用 菜单(M) ▾ →"插入"→"偏置/缩放"→"加厚"命令，将修剪的片体加厚到 1.5 mm，
将实体移至第 2 层，并关闭其他层，只打开第 2 层和第 61 层，结果如图 3-128 所示。

（7）使用 菜单(M) ▾ →"插入"→"关联复制"→"阵列特征"命令，将叶轮阵列成 3 片，
如图 3-129 所示。

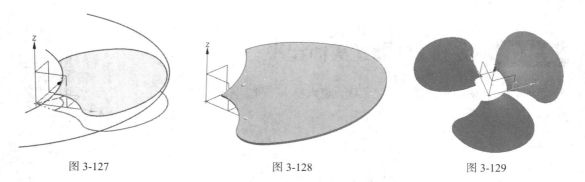

图 3-127　　　　　　　　　　　图 3-128　　　　　　　　　　　图 3-129

（8）使用"偏置"命令，将 3 个叶片与中间圆柱的接触面向里偏置 0.01 mm。

（9）使用"圆柱"命令，创建中间圆柱体，在弹出图 3-130 所示的"圆柱"对话框中输入数
据，并单击"指定点 ⊞"，弹出"点"对话框。用鼠标点选叶片最低点，然后将对话框里的 X 值
选为 0，Y 值选为 0，Z 值在原值上加"−10.3"值，如图 3-131 所示，再单击"确定"→"确定"
按钮，出现图 3-132 所示的图形。

（10）使用"合并"命令，将叶片和圆柱合并成一体。

（11）使用"拉伸"命令，在圆柱顶面绘制图 3-133 所示的草图，完成草图后在"拉伸"对话
框输入图 3-134 所示的选项。

（12）最后的图形如图 3-135 所示。

图 3-130

图 3-131

图 3-132

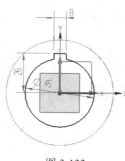

图 3-133

图 3-134

图 3-135

3.10 实例10匙子实体建模

实例 10

绘制图 3-136 所示的匙子的二维图，要求绘出三维实体模型。

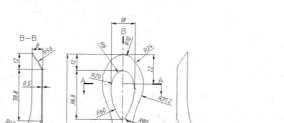

图 3-136

1．绘制草图

（1）在 X-Y 基准面作一个草图（注意使用延迟评估的方法），如图 3-137 所示，在草图环境下，使用 ⚑ 菜单(M) ▾ →"插入"→"来自曲线集的曲线"→"镜像曲线"命令，得出的完整草图如图 3-138 所示。

（2）在同一个基准面作另一个草图，先绘制一半然后镜像，图形如图 3-139 所示。

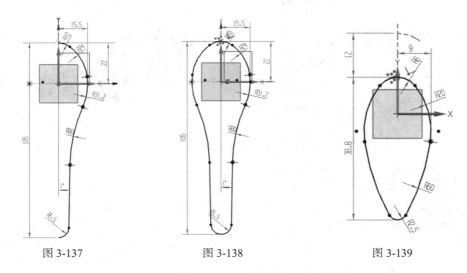

图 3-137　　　　　　　图 3-138　　　　　　　图 3-139

（3）在 Y-Z 基准面作图 3-140 所示的草图，注意在斜线上还插入了一个点。

完成三个草图后，视图中的图形如图 3-141 所示。

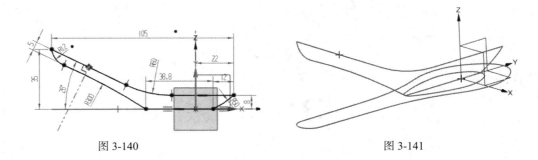

图 3-140　　　　　　　　　　　　　　　　图 3-141

2．构建空间曲线

（1）将图 3-141 所示的上方曲线对称拉伸 20 mm 拉成片体，如图 3-142 所示。

（2）使用 ⚑ 菜单(M) ▾ →"插入"→"派生曲线"→"投影"命令，弹出对话框，选项如图 3-143 所示，先选择要投影的曲线，单击鼠标中键确认，再选择整块片体，将投影方向按图 3-143 所示选择，单击"确定"按钮，完成空间曲线的创建，如图 3-144 所示。

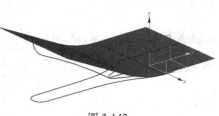

图 3-142

图 3-143

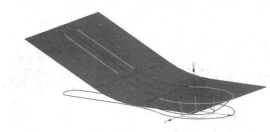

图 3-144

3. 在 C—C 剖面画草图

（1）单击 菜单(M) ▼ → "插入" → "在任务环境中绘制草图" 命令，弹出图 3-145 所示的对话框，先按指定平面选项点选草图上的点以及直线，然后将草图上的插入点作为指定点，弹出 "点" 对话框，再次点选草图的插入点，然后单击 "确定" → "确定" 按钮，进入草图绘制界面。

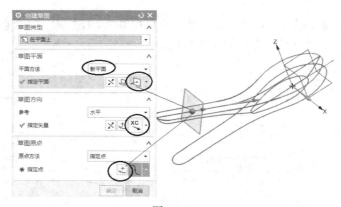

图 3-145

（2）在草图环境下，单击 菜单(M) ▼ → "插入" → "来自曲线集的曲线" → "交点" 命令，弹出图 3-146 所示的 "交点" 对话框，分别点选三根曲线（选择一根曲线，然后单击鼠标中键确认），创建图 3-147 所示的三个点，根据这三个控制点绘制图 3-148 所示的草图。

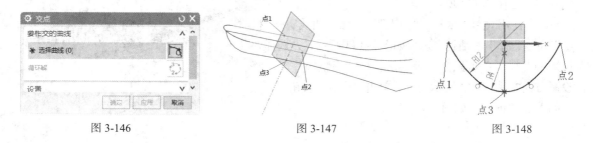

图 3-146   图 3-147   图 3-148

4．构建匙子的空间轮廓曲线

（1）在原坐标系的 X-Z 基准面绘制 A-A 剖面草图。

使用"在任务环境中绘制草图"命令，在草图环境下单击 📒 **菜单(M)** ▾ →"插入"→"来自曲线集的曲线"→"交点"命令，点 1、2、3、4 构建方法如前所述，其中 1、2 两点是基准面与空间投影曲线的交点，3、4 两点是基准面与匙子底面草图的交点。绘制图 3-149 所示的草图，将两段 R50 的圆弧约束在这些交点上。

（2）将所有已画好的草图打开，可见图 3-150 所示的图形。

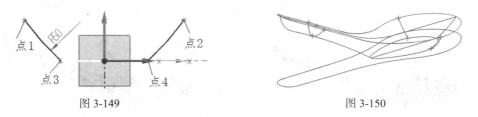

图 3-149　　　　　　　　　　　　　　　　图 3-150

（3）桥接曲线。

将两条曲线桥接（ 📒 **菜单(M)** ▾ →"插入"→"派生曲线"→"桥接"），如图 3-151 所示。

将图 3-152 所示的两条曲线桥接，注意在此次桥接时，尽可能地将桥接后的曲线与图 3-152 的桥接曲线相交。

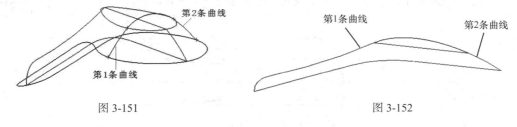

图 3-151　　　　　　　　　　　　　　　　图 3-152

（4）将无关的曲线及基准关闭，在视窗中保留有关的曲线，如图 3-153 所示。

（5）作曲面。使用"通过曲线网格"命令，绘出图 3-154 所示的曲面。

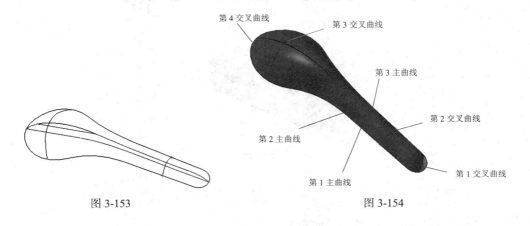

图 3-153　　　　　　　　　　　　　　　　图 3-154

5．构建实体

（1）拉伸图 3-138 所示的草图，得到实体如图 3-155 所示。

（2）使用"修剪体"命令，分别以片体、曲面、X－Y 基面作为工具剪切拉伸的实体，得出图 3-156 所示的图形。

（3）使用"抽壳"命令，掏空实体得出最后的图形，如图 3-157 所示。若掏空失败，则将"抽壳"对话框中的公差加大即可。

图 3-155

图 3-156

图 3-157

3.11 实例 11 鞋拔子实体建模

实例 11

绘制图 3-158 所示的鞋拔子二维工程图，要求绘制三维实体模型。

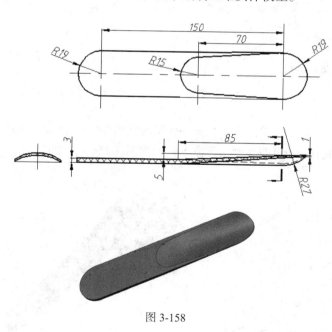

图 3-158

1．绘制草图

（1）在 X-Y 基准面作一个草图，如图 3-159 所示。

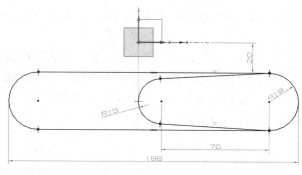

图 3-159

（2）在 X-Z 平面画出图 3-160 所示的草图。

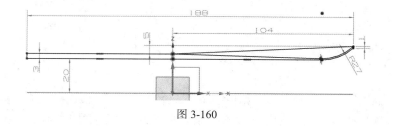

图 3-160

2. 构建空间曲线

（1）退出草图，在三维坐标系下的 X-Y 平面及 X-Z 平面的曲线如图 3-161 所示。

（2）两个平面曲线向空间投影，产生空间曲线。

使用"组合投影"命令。作如下所示的曲线投影：单击 菜单(M) ▾ →"插入"→"派生曲线"→"组合投影"选项，弹出图 3-162 所示的"组合投影"对话框，将视窗上部工具条选项过滤器下拉选"相切曲线" 相切曲线 ▾，然后选择图 3-161 所示的曲线 1，单击鼠标中键确认，最后选图 3-161 所示的曲线 3，再单击"应用"按钮，这样就产生了曲线 1 和曲线 3 的空间投影曲线，即图 3-163 所示的曲线 5。

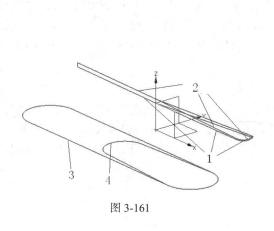

图 3-161

图 3-162

采用同样的步骤，将图 3-161 所示的曲线 2 和曲线 3 向空间投影构成空间曲线，如图 3-163 的曲线 6 所示。

采用同样的步骤，将图 3-161 所示的曲线 1 和曲线 4 向空间投影构成空间曲线，如图 3-163 的曲线 7 所示。注意：在选曲线时使用选项过滤器"单条曲线" 📦 ▐单条曲线 ▼▐。

将草图移至另外层并关闭，使用🞃 菜单(M) ▼→"插入"→"曲线"→"直线"命令，在曲线 6 上增加两条相互垂直的直线，如图 3-164 所示。

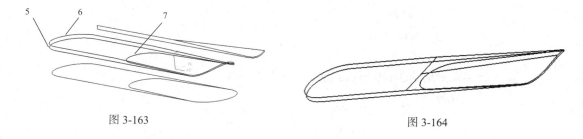

图 3-163   图 3-164

3. 构建曲面

（1）使用"插入"→"扫掠"→"扫掠"命令，弹出对话框，根据提示选择各线，注意：在选曲线时使用选项过滤器"单条曲线"。每选一条曲线都要单击鼠标中键确认，最后创建图 3-165 所示的曲面。

（2）使用🞃 菜单(M) ▼→"插入"→"曲面"→"有界平面"命令，弹出对话框，然后选择图 3-166 所示的边界线串，然后单击"确定"按钮，绘制出图 3-166 所示的平面。

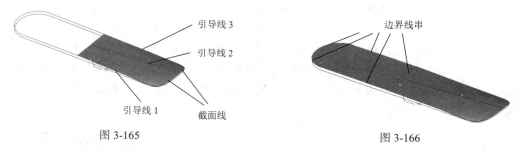

图 3-165   图 3-166

（3）使用🞃 菜单(M) ▼→"插入"→"网格曲面"→"通过曲线网格"命令，出现"通过曲线网格"对话框。将上部工具条的选项过滤器下拉为"单条曲线"。首先选择主曲线，每选完一整条主曲线（一条长曲线及一条很短的曲线构成）就单击一次鼠标中键。然后再选择交叉曲线，每选完一整条交叉曲线（两条曲线构成）就单击一次鼠标中键，如图 3-167 所示。最后单击"确定"按钮，完成曲面构建，如图 3-167 所示。

（4）再使用"有界平面"命令绘出另一个平面，如图 3-168 所示。

（5）使用🞃 菜单(M) ▼→"插入"→"网格曲面"→"通过曲线组"命令，弹出对话框，将上部工具条的选项过滤器下拉为"相连曲线" ▐相连曲线 ▼▐ ╫╫，分别选择截面线 1、截面线 2，注意每选择一线串就要单击一次鼠标中键确认。最终单击"确定"按钮，完成侧面曲面的创建，如图 3-169 所示。

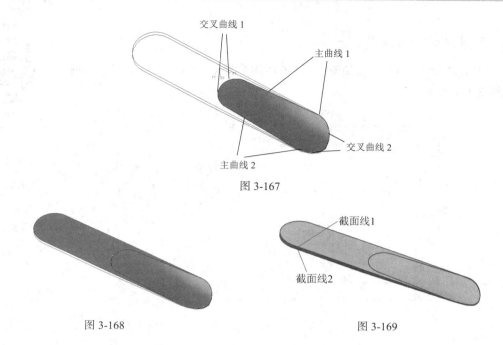

图 3-167

图 3-168

图 3-169

4. 构建实体

单击 菜单(M) ▾ →"插入"→"组合体"→"缝合"命令，或单击图标 ，选择所有的曲面，从而将所有的曲面缝合起来，即构成整个鞋拔子实体。

3.12　实例 12 手机外壳实体建模

绘制图 3-170 所示的手机三维图形（其壁厚为 1.5 mm）。

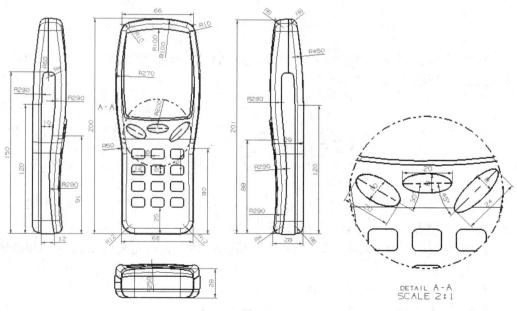

图 3-170

1. 手机整机外形建模

（1）使用"拉伸"命令，绘制图 3-171 所示的草图，将草图拉伸 50，得到的拉伸实体如图 3-172 所示。

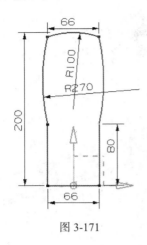

图 3-171

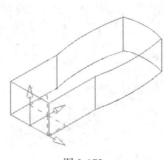

图 3-172

（2）将"工作图层"设置为 2，并且将第 1 层设为"不可见"。

（3）使用"拉伸"命令，在 Y-Z 基准面绘制图 3-173 所示的草图，将草图对称拉伸 80，得到的拉伸曲面如图 3-174 所示。

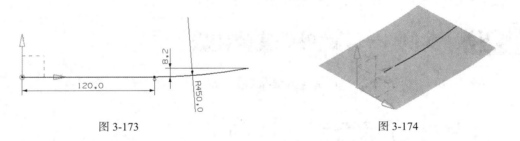

图 3-173　　　　　　　　　　　　　　　　　　图 3-174

（4）将"工作图层"设置为 3，并关闭其他层，选择 YC-ZC 基准面绘制任务环境中的草图（注意 4 个圆弧半径都相等），如图 3-175 所示。

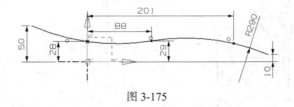

图 3-175

（5）将"工作图层"设置为 4，并且不关闭第 3 层。

（6）选择 XC-ZC 平面上的基准面，绘制草图如图 3-176 所示。完成草图后，视窗图形如图 3-177 所示。

（7）使用"扫掠"命令创建曲面，如图 3-178 所示。

（8）打开所有层并使 1 成为工作层，此时的图形如图 3-179 所示。

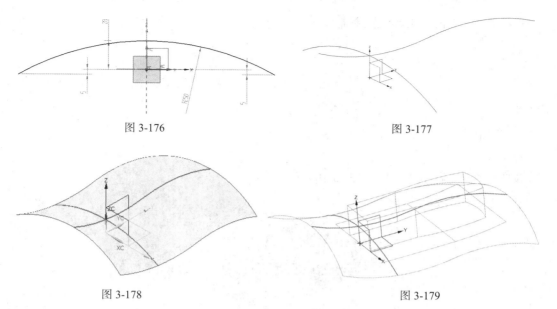

图 3-176   图 3-177

图 3-178   图 3-179

（9）使用"修剪"命令，用上下两个拉伸曲面修剪实体，完成后关闭除第 1 层外的其他层，此时的图形如图 3-180 所示。

（10）对图 3-181 所示的实体的六条边倒圆角，其中"边 1"和"边 2"的圆角值为 R150，"边 3"和"边 4"的圆角值为 R12，"边 5"和"边 6"的圆角值为 R10。

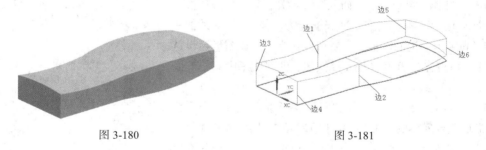

图 3-180   图 3-181

（11）抽取手机外形实体的备份。将工作层设为第 11 层，第 1 层可选。

（12）单击 菜单(M) ▼ →"插入"→"关联复制"→"抽取几何特征"，弹出图 3-182 所示的对话框。将"类型"列表框选为"体"，将对话框左下角的"固定于当前时间戳记"复选框选上，如图中黑圈所示。再在图形窗口选择手机整机外形实体，单击"确定"按钮，完成后将外形实体复制一份到第 11 层。

2. 手机中间机芯固定架建模

（1）使第 5 层成为工作层，第 61 层可选，关闭其他层。

（2）使用"拉伸"命令，选择 YC-ZC 基准面，绘制图 3-183 所示的草图。

弧 1 和弧 2、弧 2 和弧 3 相切；弧 2、弧 3

手机
中间机芯固
定架建模

图 3-182

的半径相等；弧 2 的左端点在基准轴。

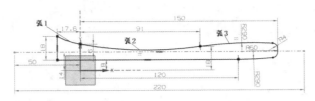

图 3-183

拉伸距离为对称 100，结果如图 3-184 所示。

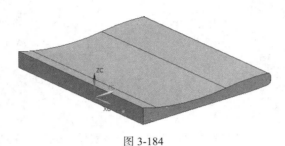

图 3-184

（3）抽取手机中间机芯固定架实体的备份（以备手机面壳造型用），使第 12 层成为工作层，第 5 层可选。

（4）单击 菜单(M) ▾→"插入"→"关联复制"→"抽取几何特征"选项，将"类型"列表框选为"体"，将对话框左下角的"固定于当前时间戳记"复选框选上，再在图形窗口选择刚刚拉伸的实体，单击"确定"按钮，就完成了中间机芯固定架备份到 12 层。

图 3-185

（5）使第 13 层成为工作层，第 5 层可选，再次抽取手机中间机芯固定架实体的备份（以备手机后壳造型用）到第 13 层。

（6）使第 5 层成为工作层，第 11 层可选，其余层设为不可见，对手机整机外形实体和中间机芯固定架实体求"相交"，弹出图 3-185 所示的对话框，选项如图中黑圈所示，完成后关闭第 11 层，视窗图形如图 3-186 所示。

（7）使用"抽壳" 命令，选择曲面如图 3-186 所示，再将对话框里面的"厚度"编辑框修改成 2.5，单击"确定"按钮，得到机芯固定架外壳如图 3-187 所示。

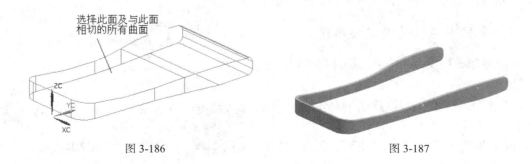

图 3-186

图 3-187

3．手机后壳建模

（1）使第 11 层作为工作层，第 61 层可选，关闭第 5 层。

（2）使用"修剪体"命令，利用 X-Y 基准平面上 14 mm 处的平面修剪手机外形实体，去掉实体上部。得出的图形如图 3-188 所示。

图 3-188

（3）使用 ☰ 菜单(M)▾→"插入"→"细节特征"→"拔模"命令，对手机后壳实体倒拔模斜度，参数如图 3-189 所示。

（4）打开第 12 层，结果图形如图 3-190 所示。

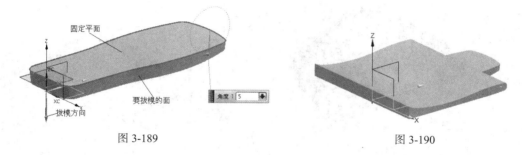

图 3-189   图 3-190

（5）使用"减去"命令，将后壳实体和中间实体相减，这时候的后壳实体如图 3-191 所示。

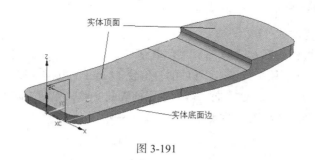

图 3-191

（6）对新生成的后壳实体的底面边缘倒大小为 R6 的圆角。

（7）使用抽壳 🔲 命令，选择图 3-191 实体的所有顶面，再将对话框里面的厚度编辑框修改成 1.5，单击"确定"按钮，得到的手机后壳如图 3-192 所示。

（8）创建后壳配合处舌头槽。用拉伸方法，选择后壳顶部靠里的一条边（见图 3-193），沿着-ZC 方向拉伸出手机合紧处的舌头，参数设置如图 3-194 所示。

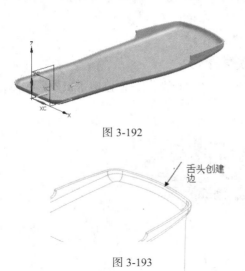

图 3-192

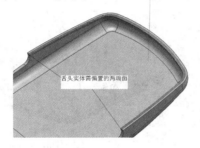

图 3-193

图 3-194

（9）将新创建的舌头实体的两端面（图 3-195）各向外偏置 1 mm，以达到穿透需要减去的面。

（10）以后壳为目标体，新创建的舌头实体为工具体，执行"减去"操作，得到手机后壳的最终造型如图 3-196 所示。

图 3-195

图 3-196

4. 手机前壳建模

手机
前壳建模

（1）创建手机前壳实体外形。

使第 1 层为工作层，使第 61 层可选，关闭其他层。

使用"修剪体"命令，用平行于 XC-YC 的且偏置 14 mm 的基准面修剪手机外形实体，这一次使修剪方向朝-ZC 方向，得到手机前壳的实体，如图 3-197 所示。

对手机前壳实体倒拔模斜度，参数表示如图 3-198 所示。

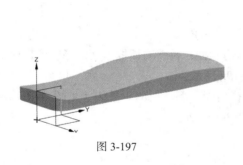

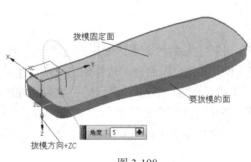

图 3-197

图 3-198

打开第 13 层，显出中间架的实体，将前壳实体和中间实体做"减去"操作，图形的结果如图 3-199 所示。

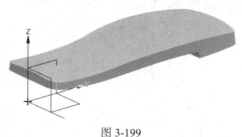

图 3-199

（2）创建前壳显示屏。

使第 6 层成为工作层，使第 1 层、第 61 层可选，选择 XC-YC 基准面画草图，如图 3-200 所示。

使用 ≡ 菜单(M) ▼ →"插入"→"偏置/缩放"→"偏置曲面"命令，将前壳实体上表面向下复制出一个偏置 2 mm 的面，如图 3-201 所示。

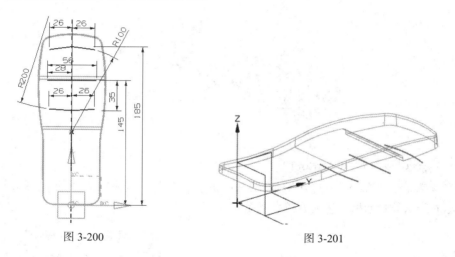

图 3-200

图 3-201

使用 ≡ 菜单(M) ▼ →"插入"→"派生曲线"→"投影"命令，将草图上的 A1 圆弧投影到实体上表面，如图 3-202 所示。

以同样的方法将草图上的 A2 圆弧和直线 L1 投影到偏置曲面，如图 3-202 所示。

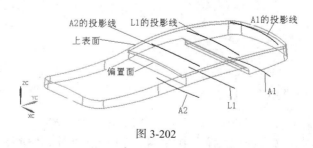

图 3-202

使用"通过曲线组" 命令，选择三条投影线（注意每选一条后再单击鼠标中键确认），最后单击"确定"按钮，完成曲面构建。

使用"拉伸"命令，弹出的对话框选项如图 3-203 中黑圈所示，选择刚刚创建的自由曲面拉伸，新得到的前壳实体如图 3-204 所示。

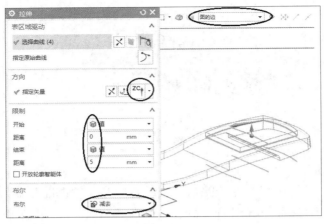

图 3-203

图 3-204

使第 1 层成为工作层，关闭第 6 层。

使用 菜单(M) →"插入"→"细节特征"→"拔模"命令，对图 3-205 所示的图形部位拔模，弹出图 3-206 所示的对话框，选项如图中黑圈所示。

图 3-205

图 3-206

使用"边倒圆" 命令，选择图 3-207 中的边 1、边 2 倒圆 R5。

再次使用"边倒圆" 命令，选择变半径，指定 4 个点分别输入所要求的半径，如图 3-208 所示，单击"确定"按钮后完成不同半径的边倒圆。

使用抽壳 命令，抽壳壁厚为 1.5，完成后的手机前壳如图 3-209 所示。

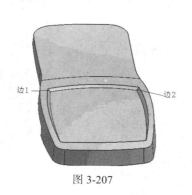

图 3-207

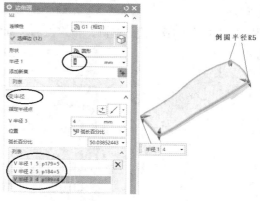

图 3-208

（3）创建前壳配合处舌头。

使用"拉伸"命令，弹出对话框，选项如图 3-210 所示，单击"确定"按钮，完成前壳舌头的创建。

图 3-209

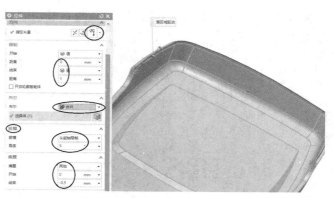

图 3-210

（4）创建手机前壳按键孔的参考线。

使第 7 层成为工作层，使第 1 层可选，并将视图置于"静态线框"模式和"俯视图"状态。

使用 菜单(M) ▾→"插入"→"曲线"→"直线"命令，画垂直参考线 1，起点坐标为（9，0，0），终点坐标为（9，100，0）。

依上述方法画垂直参考线 2，起点坐标为（–9，0，0），终点坐标为（–9，100，0）。

依上述方法画水平参考线 1，起点坐标为（–50，22，0），终点坐标为（50，22，0）。

使用 菜单(M) ▾→"插入"→"派生曲线"→"偏置"命令，选择水平参考线，对话框选项如图 3-211 所示，单击"确定"按钮完成手机前壳按键孔参考我的创建。

（5）创建手机前壳按键孔。

使用"拉伸"命令，在 X-Y 基准面绘制图 3-212 所示的草图。

创建三个椭圆，步骤如下。

单击 菜单(M) ▾→"插入"→"曲线"→"椭圆"选项，弹出图 3-213 所示的对话框，输入数据，绘制中间椭圆。

用同样的方法绘制左边的椭圆，指定点的坐标为（–20，95，0），大半径为 10，小半径为 5，

创建手机前壳按
键孔的参考线

177

旋转角为–30°。

用同样的方法绘制右边的椭圆，指定点的坐标为（20,95,0），大半径为 12，小半径为 4，旋转角为 45°。

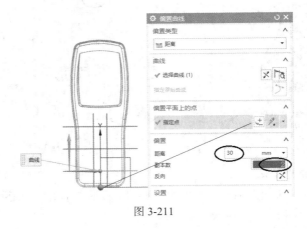

图 3-211

完成草图后，在"拉伸"对话框中输入图 3-214 所示的选项，单击"确定"按钮，后视窗图形如图 3-215 所示。

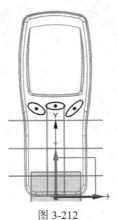

图 3-212

图 3-213

图 3-214

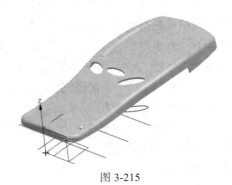

图 3-215

再使用"拉伸"命令，绘制图 3-216 所示的草图。

使用"边倒圆"命令，将小方孔四角倒圆 R2。

使用"阵列特征"命令，阵列小方孔，在图 3-217 所示的对话框中输入黑圈所示的数据，然后单击"确定"按钮，图形如图 3-218 所示。

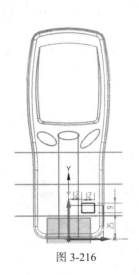

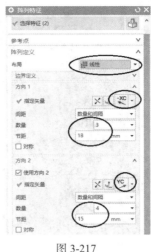

图 3-216　　　　　　　　　　　图 3-217　　　　　　　　　　　图 3-218

（6）创建手机前壳加强筋。

使用 菜单(M) ▼→"编辑"→"移动对象"命令，选择 5 条直线，然后设置对话框，如图 3-219 所示，单击"确定"按钮，完成的图形如图 3-220 所示。

图 3-219　　　　　　　　　　　　　　　图 3-220

使用"拉伸"命令，依次选择移动后的 3 条新的横向参考线，方向为 ZC 方向，其他对话框参数如图 3-221 所示，在图形窗口选择手机前壳模型，单击"应用"按钮，然后再点选 2 条竖直线，参数同图 3-221，然后单击"确定"按钮，完成的图形如图 3-222 所示。

将第 1 层设为工作层，关闭其他层，此时的图形如图 3-223 所示。

还可以将第 1 层的手机前壳实体图形单独导出成独立的文件。

单击"文件"→"导出"→"部件"选项，弹出图 3-224 所示的对话框，单击"指定部件"按钮，弹出文件存放路径对话框，输入文件名"手机前壳"，单击"确定"按钮，回到图 3-224 对话框，单击"类选择"按钮，弹出"类选择"对话框，再点选视窗中的图形实体，单击"确定"

→ "确定"按钮，将视窗中的实体图形以文件名"手机前壳"的部件文件导出为单独的文件。

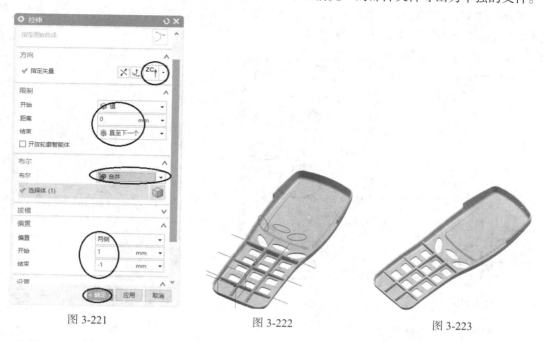

图 3-221 图 3-222 图 3-223

使第 5 层和第 11 层可选，整个手机外壳如图 3-225 所示。

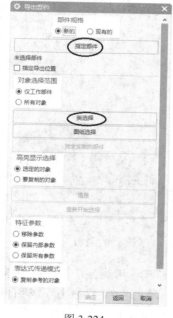

图 3-224

图 3-225

3.13 习题

习题 1

1. 绘制图 3-226 所示的二维图形的三维实体图。

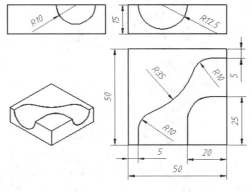

图 3-226

作图步骤提示：草图，网格曲面，修剪题。

习题 2

2. 绘制图 3-227 所示的二维图形的三维实体图。

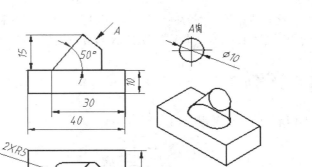

图 3-227

作图步骤提示：长方体，草图，网格曲面，有界平面，镜像几何体，缝合，求和。

习题 3

3. 绘制图 3-228 所示的二维图形的三维实体图。

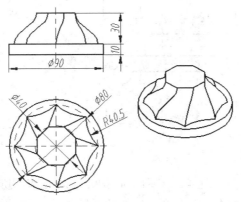

图 3-228

作图步骤提示：圆柱，草图，网格曲面，有界平面，缝合，求和。

本章以 3 个比较典型的实例为例，介绍如何建立二维工程图和 UG NX 12.0 制图模块的功能。读者学习本章，能基本掌握 UG NX 12.0 制图模块的功能。

4.1 实例 1

实例 1

绘制图 4-1 所示的二维工程图。

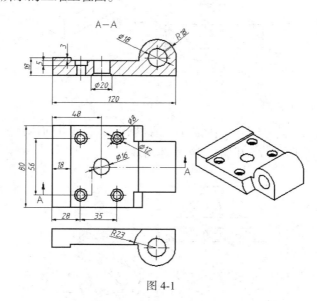

图 4-1

1. 建立图纸文件

单击新建文件，弹出图 4-2 所示的对话框，选项如黑圈所示，最后单击对话框中的按钮，在弹出的对话框中继续单击按钮，找到图 4-1 所示的三维模型文件（人邮教育社区 www.ryjiaoyu.com 下载模型文件），然后单击"确定"→"确定"→"取消"按钮，出现图 4-3 所示的图纸页并进入工程图环境。

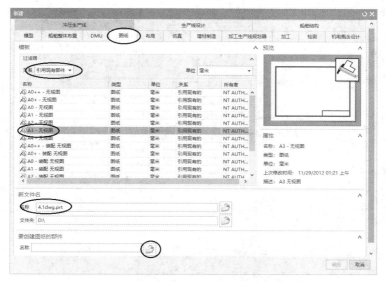

图 4-2

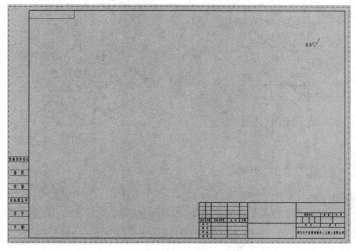

图 4-3

2. 添加视图

（1）单击 菜单(M) ▼ →"插入"→"视图"→"基本"命令（或单击视窗上部工具条中的基本视图 按钮），弹出"基本视图"对话框，如图 4-4 所示。

（2）在弹出的"基本视图"对话框中选择如图 4-4 中黑圈所示的选项，然后在图纸的虚线框内部的合适位置单击鼠标左键，添加模型的俯视图作为图纸的主视图，再单击主视图的下方添加一个俯视图，然后单击"关闭"按钮。

（3）单击 菜单(M) ▼ →"插入"→"视图"→"基本"命令（或单击工具条中的基本视图 按钮），弹出"基本视图"对话框。在对话框中"模型视图"区域的下拉列表中选择"正等测图"选项，如图 4-5 所示，然后在图纸的右下方单击鼠标左键，加入一个三维正等测视图，再单击"关闭"按钮。此时，整个视图如图 4-6 所示。

图 4-4 　　　　　　　　　　　　　　　图 4-5

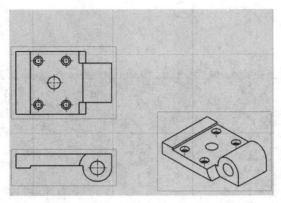

图 4-6

（4）添加阶梯剖视图。单击 ☰ 菜单(M) ▾ →"插入"→"视图"→"剖视图"命令（或单击工具条中的 小图标），弹出图 4-7 所示的"剖视图"对话框。首先单击图纸中的要剖切的 $\phi16$ 孔作为截面线段指定位置，再单击对话框的截面线段指定位置，然后单击俯视图左下方要剖切的 $\phi12$ 孔作为阶梯截面线段指定位置，再单击对话框的视图原点 指定位置 ，然后在图纸的上方单击鼠标的左键，最后单击"关闭"按钮，关闭对话框，此时的图纸视图如图 4-8 所示。

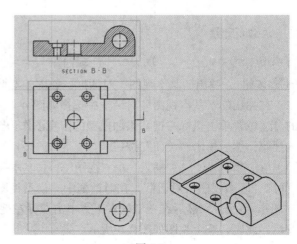

图 4-7 　　　　　　　　　　　　　　　图 4-8

3. 修改工程图设置

（1）单击 菜单(M) →"首选项"→"栅格"命令，系统弹出"栅格"对话框。在对话框中的"栅格设置"选项中取消选中"显示栅格"（去掉前面的勾选），然后单击"确定"按钮，去掉图纸上的栅格。

（2）单击 菜单(M) →"首选项"→"制图"命令，系统弹出"制图首选项"对话框，如图 4-9 所示。在对话框的"边界"选项区域取消选中"显示"（去掉前面的勾选），如对话框中的黑圈所示，然后单击"确定"按钮，消除各个基本视图的黑框。

图 4-9

（3）单击 菜单(M) →"首选项"→"可视化"命令，弹出图 4-10 所示的"可视化首选项"对话框，单击对话框中的"背景"，弹出图 4-11 所示的"颜色"对话框，在对话框中单击选中白色的小方框，然后单击"确定"→"确定"按钮，此时的图形窗口如图 4-12 所示。

图 4-10

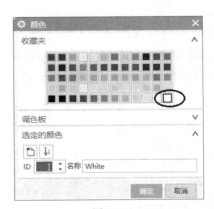

图 4-11

4. 修改截面线型

（1）将鼠标靠近剖切线，单击鼠标右键，自动弹出图 4-13 所示的菜单，单击"设置"命令，弹出图 4-14 所示的"设置"对话框，可修改显示类型及箭头样式和箭头尺寸的大小，如图 4-14 所示，单击"确定"按钮，关闭对话框。

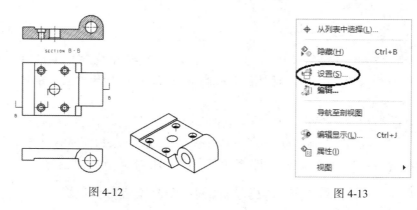

图 4-12　　　　　　　　　　　　　　图 4-13

（2）另外，若截面线位置不理想，可双击阶梯剖切线，用鼠标压住中间点左右移动改变剖切线的纵向剖切位置，也可用鼠标压住孔中间的点上下移动改变剖切线的横向剖切位置，如图 4-15 所示。

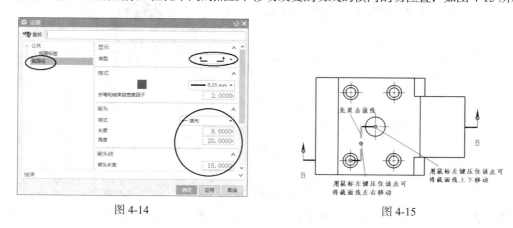

图 4-14　　　　　　　　　　　　　　图 4-15

5. 修改剖面线

若觉得剖面线太密，可以将剖面线距离变宽。对于不同材料的零件，剖面线的形式不一样。若要对剖面线进行修改，则用鼠标右击剖面线的区域，弹出如图 4-16 所示的下拉菜单，然后单击"设置"，弹出图 4-17 所示的"设置"对话框，可对所需要的项目进行修改。

图 4-16　　　　　　　　　　　　　　图 4-17

6. 标注尺寸

（1）单击 菜单(M) → "插入" → "尺寸" → "快速" 命令（或直接单击工具条上的小图标 ），

弹出"快速尺寸"对话框，在对话框"测量"选项区域的"方法"下拉列表中有很多标注尺寸的方法，可根据需要选取，如图 4-18 所示，最终标准尺寸如图 4-1 所示。

（2）单击"快速尺寸"对话框中的"设置"按钮，如图 4-19 中的黑圈所示，弹出图 4-20 所示的对话框，此时可对尺寸文本大小、尺寸保留的小数点位数、公差的标注等进行设置。

图 4-18

图 4-19

图 4-20

（3）若要从工程图回到三维建模状态，则从视窗上部的选项卡菜单栏里点选"应用模块"→"建模"按钮，如图 4-21 所示，即回到三维建模状态。

图 4-21

4.2　实例 2

绘制图 4-22 所示的二维工程图。

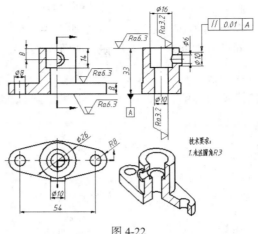

图 4-22

下面用另外一种方法建立工程图。

1. 建立图纸页

从人邮教育社区 www.ryjiaoyu.com 下载模型文件打开零件的三维模型图，从视窗上部的选项卡菜单栏里点选按钮"应用模块"→"制图"，进入二维工程图环境。

2. 添加视图

（1）新建图纸页。在二维工程图环境下，单击 菜单(M)▾→"插入"→"图纸页"命令（或单击视窗上部工具条中的新建图纸页 按钮），系统弹出"图纸页"对话框，在对话框中选择图 4-23 所示的选项，然后单击"确定"按钮，弹出"基本视图"对话框。

（2）添加主、俯视图。在弹出的"基本视图"对话框中选择图 4-24 中黑圈所示的选项，然后在图纸的虚线框内部的合适位置单击鼠标左键，添加模型的俯视图作为图纸的主视图，再单击主视图的下方添加一个俯视图，然后单击"关闭"按钮，关闭对话框。

图 4-23

图 4-24

（3）添加半剖视图作为主视图。选择 菜单(M)▾→"插入"→"视图"→"剖视图"命令（或单击视窗上部工具条中的 小图标），系统弹出"剖视图"对话框，选项如图 4-25 所示，然后依次点选俯视图的右边小圆心以及中心大圆的圆心，再单击上方某个适当位置，添加一半剖视图。

（4）添加剖视图作为左视图。选择 菜单(M) → "插入" → "视图" → "剖视图"命令（或单击视窗上部工具条中的 小图标），弹出对话框，先点选对话框的父视图选择视图项，如图 4-26 所示，然后点选主视图，接着点选主视图的孔中心，再往右单击一个适当位置，添加一个剖视图。

图 4-25

图 4-26

（5）添加等轴测图。使用"基本视图"命令，将对话框里的"模型视图"下拉选项改为"正等测图"，然后将三维图形放置在图纸的右下方，此时图形窗口如图 4-27 所示。

（6）添加半剖切正等测图。使用"剖视图"命令（ ），弹出对话框后，先在对话框里选择截面线方法为 半剖 ，再依次点选俯视图中右边的小孔中心以及中间的大孔中心，然后将鼠标往上移动（注意移动路线要使得剖切截面线箭头垂直向上）到工具条区域，再横向移动到对话框里，如图 4-28 中黑圈所示，

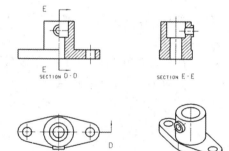

图 4-27

选择"剖切现有的"选项，然后点选正等测图，此时就完成了正等测图的半剖切，图形如图 4-29 所示。

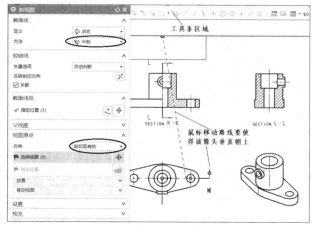

图 4-28

3．标注尺寸

单击 菜单(M) ▾ →"插入"→"尺寸"→"快速"命令（或直接单击工具条上的小图标 ），弹出"快速尺寸"对话框，在对话框中的测量方法有自动判断标注、直线标注、直径标注、角度标注等许多选项，可根据尺寸的类型需要选定，标注尺寸如图 4-30 所示。

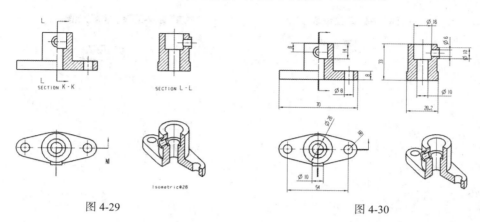

图 4-29   图 4-30

4．表面粗糙度标注

（1）选择 菜单(M) ▾ →"插入"→"注释"→"表面粗糙度符号"命令，系统弹出"表面粗糙度"对话框。

（2）在"表面粗糙度"对话框中设置图 4-31 所示的参数，对话框最下端的"角度"和"反转文本"是针对不同表面的粗糙度标注。

（3）放置表面粗糙度符号，如图 4-32 所示。

图 4-31

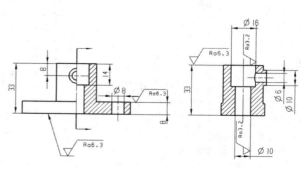

图 4-32

5.　标注形状位置公差

（1）单击 菜单(M) → "插入" → "注释" → "基准特征符号" 命令，系统弹出 "基准特征符号" 对话框。在 "基准特征符号" 对话框中设置图 4-33 所示的参数。将标示放置在所需要标注的平面上，如图 4-34 所示。

图 4-33

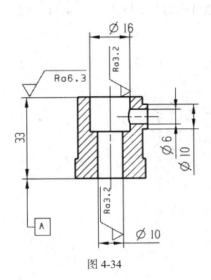

图 4-34

（2）单击 菜单(M) → "插入" → "注释" → "注释" 命令（或单击工具条中的小图标 A ），系统弹出 "注释" 对话框，如图 4-35 所示。在 符号 区域的 类别 下拉列表中选择 形位公差 选项，首先将文本输入栏里的各种符号删除，依次单击 和 // 按钮，输入公差值 0.01，然后单击 按钮，输入字母 A。

（3）放置形位公差。单击该对话框 指引线 区域的 按钮，选取 ϕ10 尺寸位置放置形位公差，结果如图 4-36 所示。

图 4-35

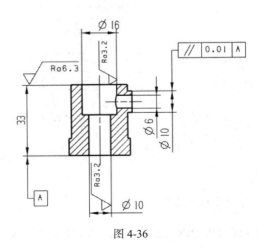

图 4-36

191

6. 创建注释

（1）单击"注释"工具栏中的 **A** 按钮，系统弹出"注释"对话框。在 **符号** 区域的 **类别** 下拉列表中选择 [制图 ▼]，在 **格式设置** 区域的下拉列表中选择 chinesef_fs 选项。

（2）添加技术要求。清空"文本"对话框中有关形位公差的内容，然后输入图 4-37 所示的文字内容。选择合适的位置单击鼠标，以放置注释，然后单击鼠标中键完成操作，结果如图 4-38 所示。

图 4-37

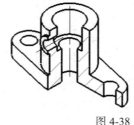

图 4-38

最终完成后的完整零件工程图如图 4-22 所示。

4.3 实例 3

实例 3

绘制图 4-39 所示的二维工程图。

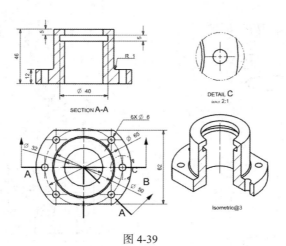

图 4-39

1. 建立图纸文件

（1）启动 UG NX 12.0 后单击"新建文件"，弹出图 4-40 所示的对话框，选项如图中黑圈所示，最后单击对话框中的 按钮。接下来在弹出的对话框继续单击 按钮，找到图 4-39 所示的三维模型文件（人邮教育社区 www.ryjiaoyu.com），打开零件的三维模型图，然后单击"确定"→"确定"按钮，进入图 4-41 所示的绘制工程图环境。

（2）单击小图标"新建图纸页" ，弹出图 4-42 所示的对话框，选项如黑圈所示，单击"确定"按钮后进入绘制工程图界面。

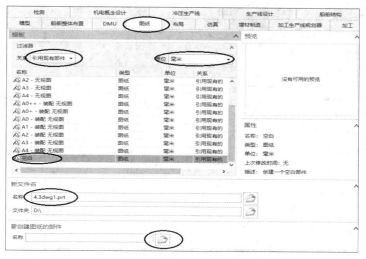

图 4-40

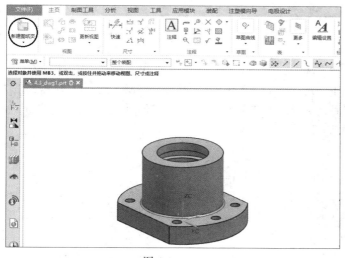

图 4-41

图 4-42

2．添加视图

（1）单击 菜单(M)▾ →"插入"→"视图"→"基本"命令（或单击视窗上部工具条中的"基本视图" 按钮），弹出"基本视图"对话框，如图 4-43 所示。

（2）在弹出的"基本视图"对话框中选择图 4-43 中黑圈所示的选项，然后在图纸的虚线框内部的合适位置单击鼠标左键，添加模型的俯视图，再单击"关闭"按钮，关闭对话框。

（3）单击 菜单(M)▾ →"插入"→"视图"→"基本"命令（或单击工具条中的"基本视图"

按钮），弹出"基本视图"对话框。在对话框中"模型视图"区域的下拉列表中选择"正等测图"选项，如图 4-44 所示，然后在图纸的右下方单击鼠标左键，加入一个三维正等测图，再单击"关闭"按钮。此时，整个视图如图 4-45 所示。

图 4-43   图 4-44

图 4-45

（4）单击 🗏 菜单(M)▼ →"插入"→"视图"→"剖视图"命令（或单击工具条中的 🔢 小图标），弹出图 4-46 所示的"剖视图"对话框。选项如对话框中的黑圈所示，接着先后点选俯视图的大圆中心及两个要剖切的小圆中心，然后在图纸的上方单击鼠标左键，最后单击"关闭"按钮，关闭对话框，此时的图纸视图如图 4-47 所示。

图 4-46

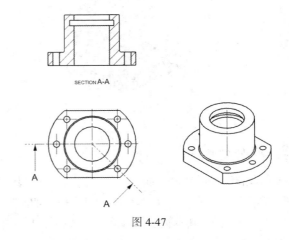

图 4-47

（5）使用"剖视图"命令（🔢），弹出图 4-48 左边所示的对话框后，先在对话框里选择截面

线方法为 ，再依次点选俯视图中右边的小孔中心以及中间的大孔中心，然后将鼠标往上移动（注意移动路线要使得剖切截面线箭头垂直向上）到工具条区域，再横向移动到对话框里，接着在对话框中选择图 4-48 中黑圈所示"剖切现有的"选项，然后点选正等测图，此时就完成了正等测图的半剖切，图形如图 4-49 所示。

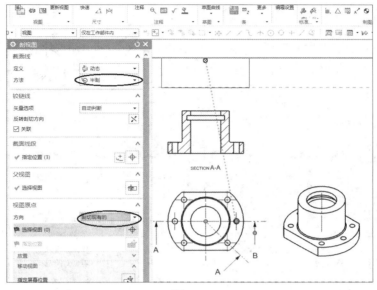

图 4-48

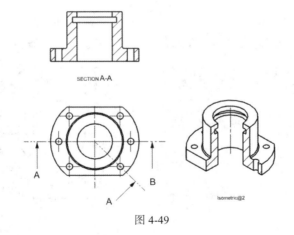

图 4-49

（6）单击 菜单(M)▼ →"插入"→"视图"→"局部放大"命令（或单击工具条中的 小图标），弹出图 4-50 所示的对话框，选项如图中黑圈所示，然后点选要放大的小孔圆心，再在对话框中选"比例"为 2：1，接着点选放大区域，再在图形区点选放置图形位置，然后关闭对话框，完成后的图形如图 4-51 所示。

3. 标注尺寸

（1）单击图 4-52 中黑圈所示的图标 圆形中心线，弹出图 4-53（a）所示的对话框，然后点选 3 个小孔绘制圆弧中心线，如图 4-53（b）所示。

图 4-50

图 4-51

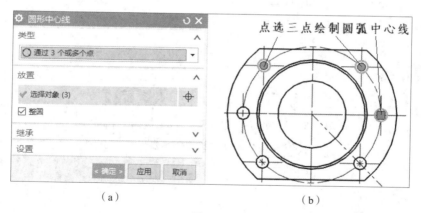

图 4-52

图 4-53

（2）单击 菜单(M) →"插入"→"尺寸"→"快速"命令（或直接单击工具条上的小图标 ），弹出"快速尺寸"对话框，对话框中的测量方法有自动判断标注、直线标注、直径标注、角度标注等许多选项，可根据尺寸的类型需要选定，标注尺寸如图 4-39 所示。

4.4 习题

习题

绘制图 4-54 所示的二维工程图。

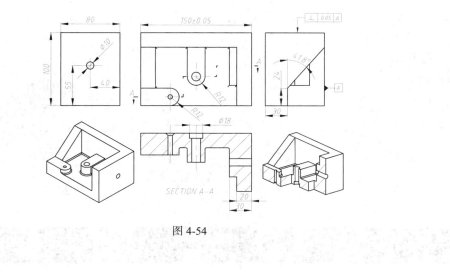

图 4-54

本章通过 3 个部件装配实例，介绍 UG 装配模块的功能，讲解几种不同的装配方法，其中包括零部件的各种配对装配、引用集的建立、爆炸图的建立等。读者学习本章，能熟练掌握各种组件的装配方法。

5.1 实例 1 在装配件中安装组件

实例 1

1. 打开部件

从人邮教育社区 www.ryjiaoyu.com 下载模型文件，打开部件 support_assm.prt，如图 5-1 所示。

图 5-1

从视窗上方的选项卡菜单栏里点选"装配"按钮，如图 5-2 所示，进入装配模块。

图 5-2

2.　将垫片装到叉座上

在装配模块环境下单击 菜单(M) ▾ →"装配"→"组件位置"→"装配约束"（或直接单击视窗上方工具条区域的图标）选项，出现图 5-3 所示的对话框，选择如图中的黑圈所示。

按照图 5-4 所示的顺序选择表面，然后修改对话框的"方位"下拉选项，如图 5-5 所示，按照图 5-6 所示的顺序选择表面，出现图 5-7 所示的图形，然后单击"应用"按钮。

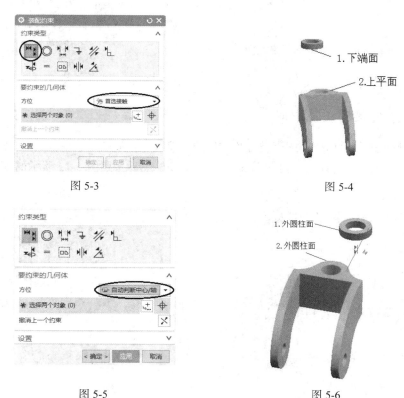

图 5-3　　　　　　　　　　　　　图 5-4

图 5-5　　　　　　　　　　　　　图 5-6

3.　将竖直轴安装到叉座上

按照图 5-8 所示 1、2 顺序选择约束面，然后按照图 5-9 修改对话框选项，再按图 5-8 所示 3、4 顺序选择约束面，出现图 5-10 所示的图形，再单击"应用"按钮。

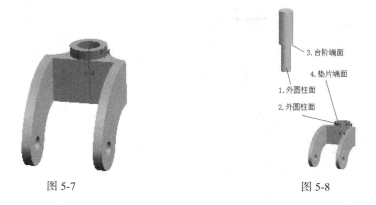

图 5-7　　　　　　　　　　　　　图 5-8

图 5-9

图 5-10

4. 将轮子安装到叉座中间

设置"装配约束"对话框的约束类型和方位的下拉选项，如图 5-11 所示，首先按图 5-12 所示的 1、2、3、4 顺序选约束面，再按图 5-13 设置选项，然后按照图 5-12 所示的 5、6 顺序选择约束面，装配完成如图 5-14 所示。

图 5-11

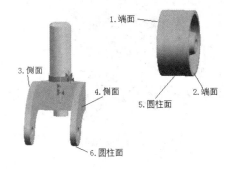

图 5-12

图 5-13

图 5-14

5. 将水平轴装入轮子中

依上述同样的步骤，按照图 5-15 所示的顺序选择约束面，最后单击对话框中的"确定"按钮，完成整个机构的装配，如图 5-16 所示。

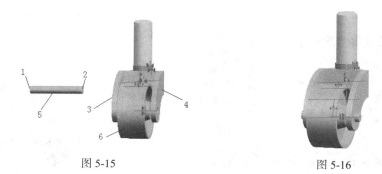

图 5-15　　　　　　　　　　　　　　　图 5-16

打开装配导航器，用鼠标右键单击"约束"选项，去掉"在图形窗口中显示约束"的勾选，如图 5-17 所示，此时视窗中图形上的约束符号被隐藏，如图 5-18 所示。

图 5-17　　　　　　　　　　　　　　　图 5-18

6．产生爆炸图

（1）单击 ☰ 菜单(M) ▾ →"装配"→"爆炸图"→"新建爆炸图"选项，出现图 5-19 所示的对话框，单击对话框中的"确定"按钮。

（2）单击 ☰ 菜单(M) ▾ →"装配"→"爆炸图"→"编辑爆炸图"选项，出现图 5-20 所示的"编辑爆炸图"对话框，选择视图中的阶梯轴，然后在对话框中点选"移动对象"，此时在图中阶梯轴中心出现带箭头的移动坐标。用鼠标单击 X 坐标的箭头不松开，则可沿 X 轴移动该轴到任意位置。也可在单击箭头后，在对话框中输入移动距离的数值，然后单击"应用"按钮，从而将轴移动输入数值的距离，如图 5-21 所示。

图 5-19

图 5-20

（3）按照上述方法，将组件拆开。移动各个零件到适当的位置，形成的视图称为爆炸图，如图 5-22 所示。

图 5-21   图 5-22

另外，注意在移动下一个零件时，只选择所需要移动的零件，但由于已默认前一个移动零件也被选上，因此同时按 Shift 键并用鼠标点选上一个移动零件，就放弃了上一个零件的选择。

若要关闭爆炸图，则单击 📄 菜单(M) ▾ →"装配"→"爆炸图"→"隐藏爆炸"选项。

若要打开爆炸图，则单击 📄 菜单(M) ▾ →"装配"→"爆炸图"→"显示爆炸"选项。

实例 2

5.2 实例 2 调入零件装配

创建英制装配部件 clamp_assembly.prt，添加组件（组件部件文件在 clamp 文件夹下），创建图 5-23 所示的装配，其要求如下。

（1）装配约束完整、正确。

（2）对螺纹轴新建引用集"实体"，该引用集仅包含实体。完成后，该组件的引用集设置为"实体"。

（3）应用自顶向下建模技术创建垫片 spacer，要求垫片的截面与组件 moving_jaw 相关。

（4）垫片厚度为 moving_jaw 和 jaw_plate 之间的距离，且保持相关性（见图 5-23）。

垫片的厚度随moving_jaw和
jaw_plate之间的距离变化

图 5-23

1. 建立新装配文件

单击"新建"按钮，弹出图 5-24 所示的对话框，选项及文件名输入如图中黑圈所示，单击"确定"按钮，弹出"添加组件"对话框，如图 5-25 所示。

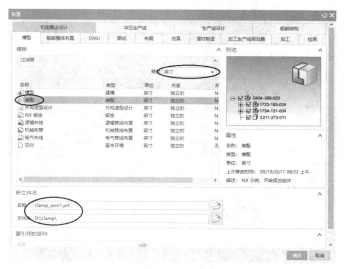

图 5-24

2. 调入零件文件装配成组件

单击图 5-25 所示对话框中的"打开" 图标，找到所需要加载的文件（资源下载\做题素材\第 5 章部件装配实例\clamp\screw_shaft.prt），打开它，再单击对话框的选择对象小图标 ，弹出"点"对话框，默认坐标值为（0，0，0），单击"确定"按钮，然后单击图 5-25 所示对话框中的"应用"按钮，弹出"创建固定约束"提示框，单击"确定"按钮，此时视窗中的图形如图 5-26 所示。

图 5-25

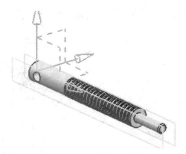

图 5-26

继续单击对话框中的"打开" 图标，选项如图 5-27 所示，找到\资源下载\做题素材\第 5 章部件装配实例\clamp\handle.prt 文件，打开它，再单击对话框的小图标 ，弹出"点"对话框，默认坐标值为（0，0，0），单击"确定"按钮，此时的视窗图形如图 5-27 所示。

选好约束类型如图 5-27 对话框中的黑圈所示，再按照图 5-28 所示 1、2 顺序选择表面，再改动图 5-29 所示的约束类型，按照图 5-28 所示 3、4、5 顺序选择表面，然后单击图 5-27 所示对话框的"应用"按钮，出现图 5-30 所示的图形。

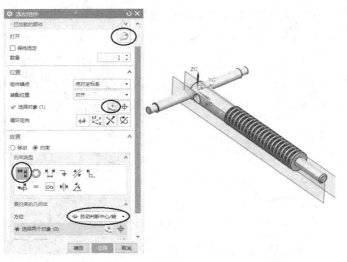

图 5-27

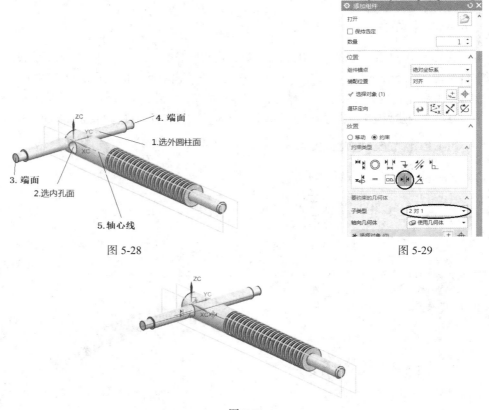

图 5-28

图 5-29

图 5-30

继续单击对话框中的"打开" 图标，找到\资源下载\做题素材\第 5 章部件装配实例\
clamp\handle_stop 文件并打开它，再单击"选择对象" ，如图 5-31 中的黑圈所示，接着单击手
柄端部附件区域，此时加入手柄球，如图 5-32 所示，然后选择图中黑圈所示的约束类型，按照
图 5-33 所示 1、2 顺序选择约束面，再改方位下拉选项为 自动判断中心/轴 ，又按照图 5-33
所示 3、4 顺序选择约束面，然后单击"确定"（或"应用"）按钮，完成图形如图 5-34 所示。

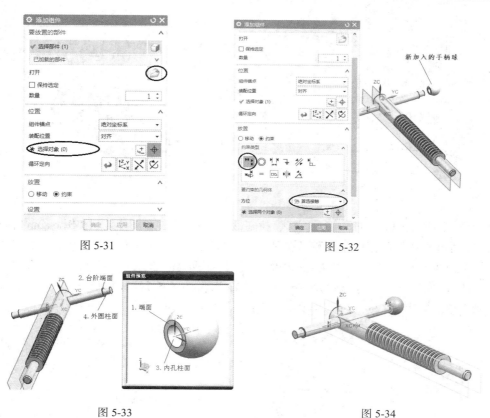

图 5-31　　　　　　　　　　　　　　　　　图 5-32

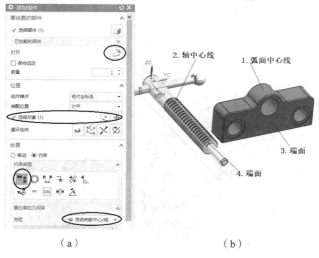

图 5-33　　　　　　　　　　　　　　　　图 5-34

单击 菜单(M) ▾ →"装配"→"组件"→"添加组件"选项，弹出"添加组件"对话框，单击对话框中的"打开" 图标，找到\资源下载\做题素材\第 5 章部件装配实例\clamp\base 文件并打开它。再单击"选择对象" ，如图 5-35（a）中黑圈所示，然后单击螺纹轴部件附近区域，此时将基座件加入，如图 5-35（b）所示，再选择图中黑圈所示的约束类型，按照图 5-35（b）所示的 1、2 顺序选择约束面，接着改约束类型为 ，如图 5-36 所示，又按照图 5-35（b）所示的 3、4 顺序选择约束面，然后单击"应用"按钮，完成的图形如图 5-37 所示。

（a）　　　　　　　　　　　　　　　（b）

图 5-35

图 5-36

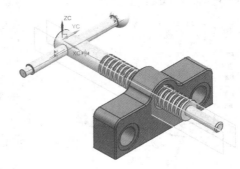

图 5-37

继续单击对话框中的"打开" 图标，找到\做题素材\第 5 章部件装配实例\clamp\bush 文件并打开它。再单击"选择对象" ，然后在图形附件区域单击，此时加入螺纹套零件，如图 5-38（b）所示，接着选择图 5-38（a）中黑圈所示的约束类型，按照图 5-38（b）所示的 1、2 顺序选择约束面，再改方位下拉选项为 自动判断中心/轴 ，又按照图 5-38（b）所示的 3、4 顺序选择约束面，然后单击对话框中的"应用"按钮，完成图形如图 5-39 所示。

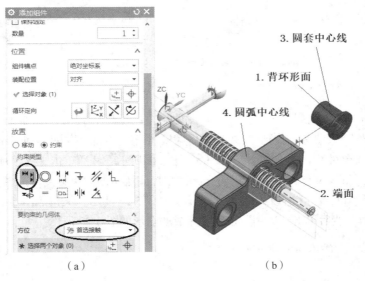

（a）   （b）

图 5-38

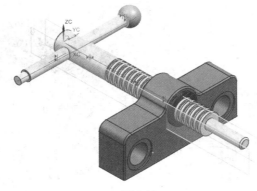

图 5-39

继续单击对话框"打开" 图标，找到\做题素材\第 5 章部件装配实例\clamp\shaft 文件并打开它，按照上述方法以及图 5-40 所示顺序 1、2 接触约束，3、4 共轴线约束，加入 shaft 零件，结果如图 5-41 所示。

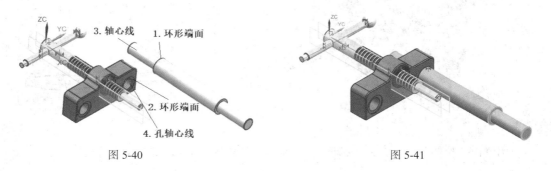

图 5-40　　　　　　　　　　　　　　　　　　　图 5-41

继续单击对话框中的"打开" 图标，找到\做题素材\第 5 章部件装配实例\clamp\fixed_jaw 文件并打开它。按照图 5-42 所示的顺序 1、2 接触约束，3、4 共轴线约束，然后改约束类型为"平行" ，再按照图 5-42 所示的 5、6 顺序平面约束，最后单击对话框中的"应用"按钮，结果如图 5-43 所示。

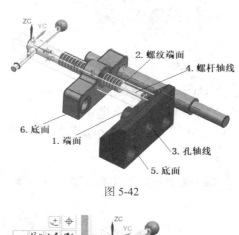

图 5-42

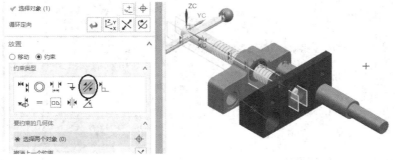

图 5-43

依上述同样的方法分别加入 screw_nut 和 shaft_nut，如图 5-44 所示。

3. 创建垫片 spacer

单击左边竖直的工具条的"装配导航器"图标 ，可以看到装配的各个节点，用鼠标右键单击 moving_jaw 节点→设为工作部件，如图 5-45 所示，此时 moving_jaw 即可编辑修改。

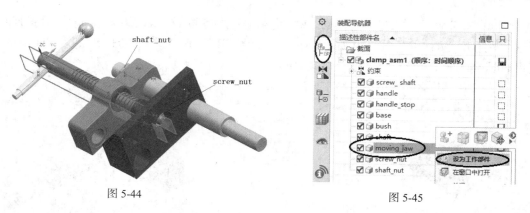

图 5-44

图 5-45

使用建模"拉伸"命令，将 moving_jaw 端面拉伸约 5 mm，如图 5-46 所示。

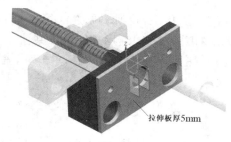

拉伸板厚5mm

图 5-46

再回到装配导航器，将节点 clamp_asm1 回设置到工作部件。

单击 菜单(M) ▾→ "装配" → "组件" → "新建组件"选项，弹出"新建组件文件"对话框，输入文件名如图 5-47 所示，然后单击"确定" → "确定"按钮，此时"装配导航器"里新增节点 spacer，如图 5-48 所示。

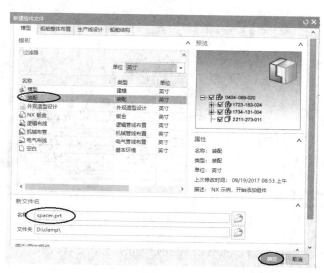

图 5-47

在装配导航器里将 spacer 节点设为工作部件。

单击 菜单(M) ▾→ "插入" → "关联复制" → "WAVE 几何链接器"选项，弹出图 5-49 所示的对话框，参数选项如图中黑圈所示，然后点选新拉伸的板块，最后单击对话框中的"确定"按钮，完成 spacer 模型的创建。

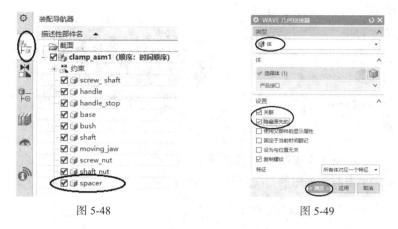

图 5-48　　　　　　　　　　　　　　　　　　图 5-49

若看不到 spacer 模型，则用鼠标右键单击"节点 spacer"→"替换引用集"→"MODEL"即可显见。

4.　继续添加组件

单击 菜单(M) ▾ →"装配"→"组件"→"添加组件"选项（或直接单击图 5-50 所示图标），弹出如图 5-51（a）所示的对话框。将 jaw_plate（夹板）模型加入在图形一旁，因为夹板面反向了，所以单击对话框中的图标两次，使得夹板翻过来，然后按照图 5-51（b）所示的 1、2 顺序进行接触约束，再改动约束类型，如图 5-52 所示，按照图 5-51（b）所示的 3、4 顺序以及 5、6 顺序进行两个中心孔对齐约束，最后单击对话框中的"应用"，完成夹板的装入并约束。

图 5-50

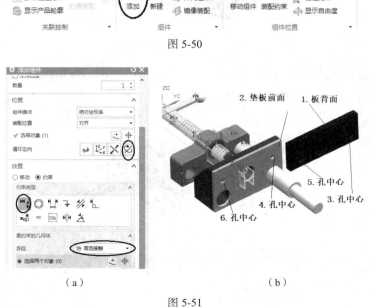

（a）　　　　　　　　　　　　　　　　　（b）

图 5-51

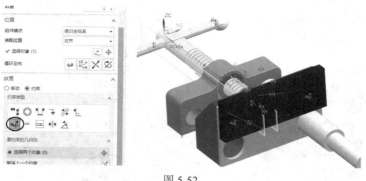

图 5-52

继续加入 plate_screw（夹板螺钉），步骤同上，按照图 5-53 所示的 1、2 顺序接触约束，3、4 顺序同轴心约束，单击对话框中的"应用"按钮，完成夹板螺钉安装和约束，如图 5-54 所示。

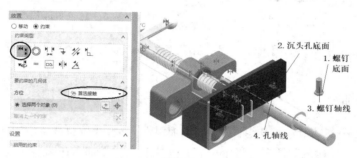

图 5-53

图 5-54

继续加入 fixed_jaw,步骤同上，按照图 5-55 所示的 1、2 顺序接触约束，3、4 顺序同轴心约束，然后改动约束类型为"平行"，再按照 5、6 顺序平行约束，最后单击对话框中的"应用"按钮，完成固定夹块的安装和约束，如图 5-56 所示。

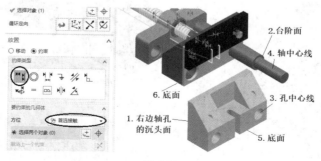

图 5-55

再按照前面的方法继续加入一个 shaft_nut，结果如图 5-57 所示。

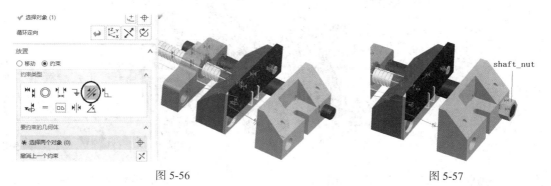

图 5-56　　　　　　　　　　　　　　　　　　图 5-57

单击 菜单(M) ▼ →"插入"→"基准/点"→"基准平面"选项，弹出图 5-58 所示的对话框，选项如图中黑圈所示，在 1、2 两个平面之间建立一个基准平面，如图 5-59 所示。另外，注意在选择 1、2 两个平面时需要将选择范围改为"整个装配" 菜单(M) ▼ 。

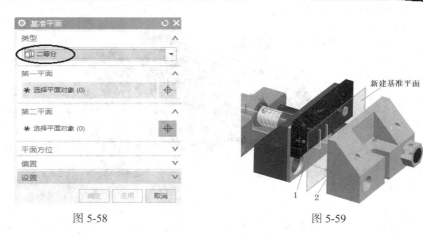

图 5-58　　　　　　　　　　　　　　　　　　图 5-59

单击 菜单(M) ▼ →"装配"→"组件"→"镜像装配"选项，出现图 5-60 所示的对话框。单击"下一步"按钮，然后选择 jaw_plate（夹板）和 plate_screw（夹板螺钉）作为镜像组件，再单击"下一步"按钮，接着选择新建的基准平面作为镜像平面，进一步单击"下一步"→"下一步"→"下一步"→"完成"按钮，此时的图形如图 5-61 所示。

图 5-60

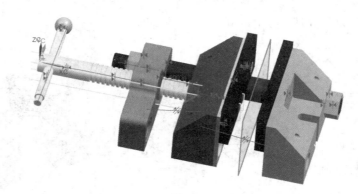

图 5-61

按照同样的步骤，将手柄球、导轴、2 个导轴螺母、2 个夹板螺钉以 XC-ZC 基准平面为镜像平面进行镜像装配，结果如图 5-62 所示。

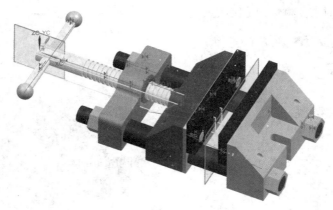

图 5-62

将图 5-62 所示的两个作为镜像平面的基准平面移至第 61 层，并关闭第 61 层，使两个基准平面不可见。

5. 对螺杆部件建立引用集

单击左边竖直的工具条的"装配导航器"图标 ，可看到装配的各个节点，如图 5-63 所示。用鼠标右键单击节点 screw_shaft→"在窗口中打开"，此时的图形如图 5-64 所示。

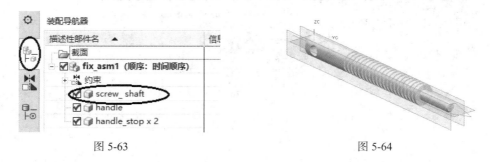

图 5-63　　　　　　　　　　　　　　　　　　图 5-64

单击 菜单(M) →"格式"→"引用集"选项，出现图 5-65 所示的对话框，单击图中黑圈所示的选项，出现图 5-66 所示的对话框，输入自己命名的引用集名称如"实体"并按 Enter 键，然后点选视图中的螺杆实体，再单击对话框中的"关闭"按钮，完成螺杆实体引用集的建立。

图 5-65

图 5-66

6.　调用引用集

在装配导航器里右键单击"screw_shaft"，然后单击"在窗口中打开父项"→"clamp_asm1"，弹出的对话框中单击"确定"按钮，此时视图如图 5-67 所示。

在"装配导航器"里右键单击"screw_shaft"，在"替换引用集"下拉工具条中单击"实体"，此时的图形如图 5-68 所示。

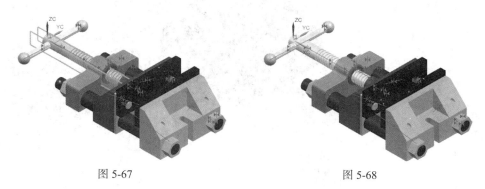

图 5-67

图 5-68

为使视图干净简洁，在"装配导航器"里用鼠标右键单击"约束"，去掉"在图形窗口中显示约束"的勾选，如图 5-69 中的黑圈所示，最后的图形如图 5-70 所示。

图 5-69

图 5-70

213

5.3 习题

1. 完成图 5-71 所示机构的装配，要求全约束装配。

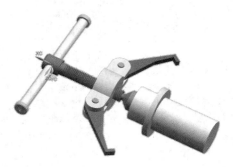

图 5-71

2. 完成回油阀的装配，如图 5-72 所示，要求全约束装配。

图 5-72

第6章

运动仿真实例

本章以 3 个机构运动仿真实例为例，简单地介绍 UG 运动仿真模块的功能，这只是入门的讲解。若要进一步熟悉和掌握复杂机构的运动仿真和分析，读者可阅读专门的运动仿真和分析教材。

实例 1

6.1 实例 1 曲柄摇杆机构运动仿真

1. 打开部件

（1）从人邮教育社区 www.ryjiaoyu.com 下载模型文件：资源下载\做题素材\第 6 章运动仿真实例\实例 6.1。打开曲柄摇杆机构_asm.prt，如图 6-1 所示。

（2）从视窗上部的选项卡菜单栏里点选"应用模块"按钮，再点选"仿真"命令组的小图标 ⚙ 运动，如图 6-2 所示，进入运动仿真模块，如图 6-3 所示。

图 6-1

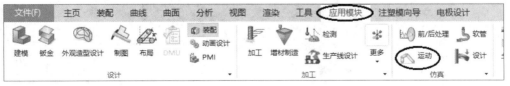

图 6-2

（3）单击图 6-3 中黑圈所示的图标 🔧 新建仿真，弹出"新建仿真"对话框，对话框默认新文件名称和存放路径，如图 6-4 所示，单击"确定"按钮后弹出图 6-5 所示的对话框。

图 6-3

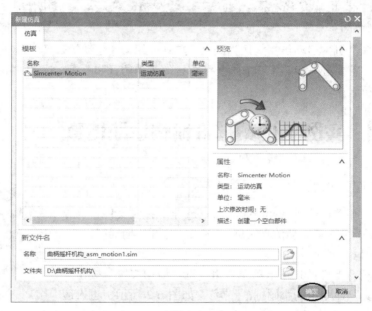

图 6-4

图 6-5

（4）选项如图 6-5 中的黑圈所示，单击"确定"按钮后进入运动仿真操作界面，此时的视窗上部的操作命令组条如图 6-6 所示。

图 6-6

2．定义连杆

（1）此处所说的连杆并不是机械原理教科书所说的连杆，而是一个零件或几个零件刚性连接的构件（下同）。

（2）单击"机构"命令组的小图标，弹出图 6-7（a）所示的"连杆"对话框，然后分别点选 3 个活动杆件（每点一个杆件再单击对话框中的"应用"按钮一次），完成后在运动导航器里可看到连杆父项下的 3 个杆件，如图 6-8 所示。

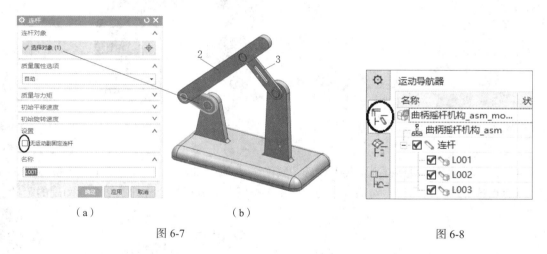

（a）　　　　　　　　　　（b）

图 6-7　　　　　　　　　　　　　　　　　图 6-8

3．定义运动副

（1）单击"机构"命令组的小图标，弹出图 6-9（a）所示的"运动副"对话框，运动副类型选择"旋转副"，然后点选杆件 1（注意点选杆件 1 旋转中心），如图 6-9（b）所示。最后单击对话框中的"应用"按钮，完成第 1 个杆件的运动副定义。

（2）继续定义第 2 个杆件的两个运动副。

（3）在"运动副"对话框里仍然选择类型为"旋转副"，再按照图 6-10（b）所示点选杆件，最后单击对话框中的"应用"按钮，完成第 2 个杆件第 1 个运动副的定义。

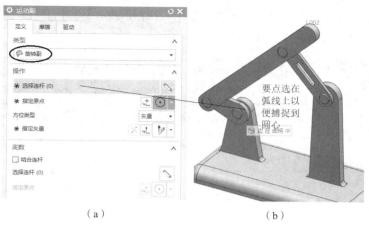

（a）　　　　　　　　　　　　　（b）

图 6-9

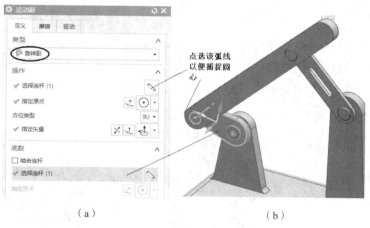

（a）　　　　　　　　　　　　　（b）

图 6-10

（4）在"运动副"对话框里将类型改选"共线运动副"，如图 6-11（a）所示，再按照图 6-11（b）所示点选杆件，最后单击对话框中的"应用"按钮，完成第 2 个杆件第 2 个运动副的定义。

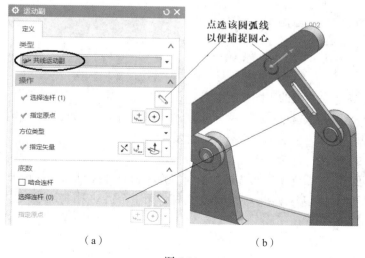

（a）　　　　　　　　　　　　　（b）

图 6-11

（5）在"运动副"对话框里将类型改选为"旋转副"，再按照图 6-12（a）所示点选杆件，最后单击对话框中的"确定"按钮，完成第 3 个杆件运动副的定义。

（6）完成 4 个运动副定义后的结果在"运动导航器"里，如图 6-13 所示。

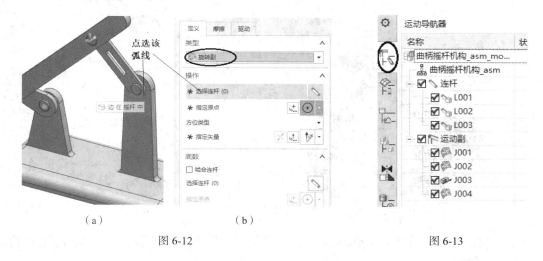

（a）　　　　　　　　　（b）

图 6-12　　　　　　　　　　　　　　　　　　　　　　图 6-13

4.　确定驱动

单击"机构"命令组的小图标，弹出图 6-14 所示的"驱动"对话框，选项如图中的黑圈所示。最后单击对话框中的"确定"按钮，完成驱动定义。

图 6-14

此时，在机构组件图上可以看到驱动和运动副的标志符号，如图 6-15 所示。

5.　生成动画

（1）单击视窗上部命令行的小图标　解算方案，弹出图 6-16 所示的"解算方案"对话框，选项如图中黑圈所示。最后单击"确定"按钮，完成解算方案。

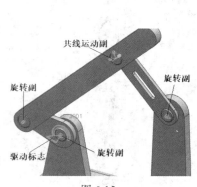

图 6-15

图 6-16

（2）单击视窗上部命令行的小图标 █ 求解 ，系统进行几秒钟的运算，弹出信息对话框，然后关闭信息对话框。

（3）单击视窗上部"分析"选项卡→"动画"→"动画"，如图 6-17 所示，弹出图 6-18 所示的"动画"对话框，通过不同的按钮完成不同的操作。

（4）最后存盘，弹出图 6-19 所示的对话框，默认保存文件名如图中黑圈所示。

图 6-17

图 6-18

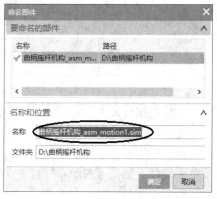

图 6-19

6.2 实例 2 齿轮传动机构运动仿真

实例 2

1. 打开部件

（1）从人邮教育社区 www.ryjiaoyu.com 下载模型文件：资源下载\做题素材\第 6 章运动仿真实例\实例 6.2。打开 gear_train_asm.prt，如图 6-20 所示。

图 6-20

（2）从视窗上部的选项卡菜单栏中点选"应用模块"按钮，再点选"仿真"命令组的小图标 运动，如图 6-21 所示，进入运动仿真模块，如图 6-22 所示。

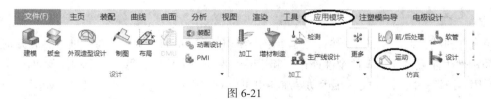

图 6-21

（3）单击图 6-22 中黑圈所示的图标 新建仿真，弹出"新建仿真"对话框，对话框默认新文件名称和存放路径，如图 6-23 所示，单击"确定"按钮后弹出图 6-24 所示的对话框。

图 6-22

图 6-23

图 6-24

（4）选项如图 6-24 中黑圈所示，单击"确定"按钮后进入运动仿真操作界面，此时的视窗上部的操作命令组条如图 6-25 所示。

图 6-25

2. 定义连杆

单击"机构"命令组的小图标，弹出图 6-26（a）所示的"连杆"对话框，然后分别点选 5 个活动构件（注意：几个零件刚性连接一起运动的视为一个构件，每点一个构件就单击对话框中的"应用"按钮一次），完成后在运动导航器里可以看到连杆父项下的 5 个杆件，如图 6-27 所示。

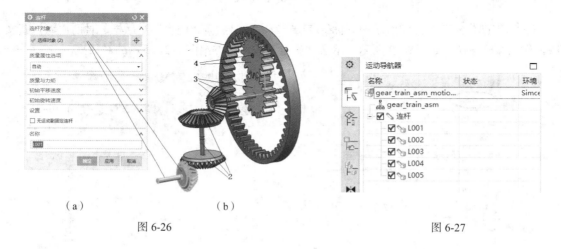

（a） （b）

图 6-26 图 6-27

3. 定义运动副

单击"机构"命令组的小图标，弹出图 6-28（a）所示的"运动副"对话框，运动副类型选择"旋转副"，然后点选构件 1（注意点选构件 1 旋转中心），如图 6-28（b）所示。最后单击对话框中的"应用"按钮，完成第 1 个构件的运动副定义。

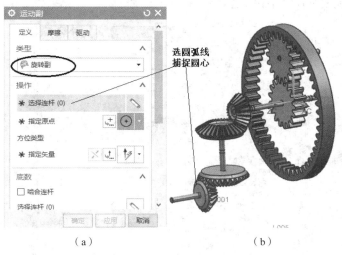

（a）　　　　　　　　　　　　　（b）

图 6-28

依此类推，依次完成 5 个构件的旋转运动副的定义，完成后在"运动导航器"里的结果如图 6-29 所示。

4. 确定驱动

单击"机构"命令组的小图标　，弹出图 6-30 所示的"驱动"对话框，选项如图中黑圈所示。最后单击对话框中的"确定"按钮，完成驱动定义。

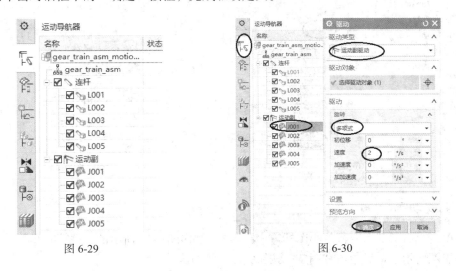

图 6-29　　　　　　　　　　　　　图 6-30

5. 定义耦合副

单击"耦合副"命令组的小图标　齿轮耦合副，弹出图 6-31 所示的"齿轮耦合副"对话框。在"运动导航器"里选择 J001 为第一运动副，J002 为第二运动副，最后单击对话框中的"应用"按钮，完成第一个齿轮耦合副的定义。依此类推，依次选 J002 和 J003 构成第二个齿轮耦合副，J003

和 J004 构成第三个齿轮耦合副，当构建 J004 和 J005 构成第四个耦合副时，由于是齿轮内啮合，因此输入第二个运动副时内齿轮啮合圆半径输入负值，如图 6-32 中的黑圈所示。最后单击对话框中的"确定"按钮，完成所有耦合副的定义后，打开"运动导航器"，结果如图 6-33 所示。

图 6-31

图 6-32

图 6-33

6. 生成动画

（1）单击视窗上部命令行的小图标 📄 解算方案，弹出图 6-34 所示的"解算方案"对话框，选项如图中黑圈所示，最后单击"确定"按钮完成解算方案。

（2）单击视窗上部命令行的小图标 📄 求解，系统进行几秒钟的运算，弹出信息对话框，然后关闭信息对话框。

（3）单击视窗上部"分析"选项卡→"动画"→"动画"，如图 6-35 所示，弹出图 6-36 所示的"动画"对话框，通过不同的按钮完成不同的操作。

（4）最后存盘，弹出图 6-37 所示的对话框，默认保存文件名如图中黑圈所示。

图 6-34

图 6-35

播放动画　　将动画存为电影（.AVI文件）

图 6-36

图 6-37

6.3　实例 3 正弦机构运动仿真

实例 3

1. 打开部件

（1）从人邮教育社区 www.ryjiaoyu.com 下载模型文件：资源下载\做题素材\第 6 章运动仿真实例\实例 6.3。打开 sine_mech_asm.prt，如图 6-38 所示。

图 6-38

（2）从视窗上部的选项卡菜单栏里点选"应用模块"按钮，点选"仿真"命令组的小图标
运动，如图 6-39 所示，进入运动仿真模块，如图 6-40 所示。

图 6-39

（3）单击图 6-40 中黑圈所示的图标 新建仿真，弹出"新建仿真"对话框，对话框默认新文
件名称和存放路径，单击"确定"按钮后弹出图 6-41 所示的对话框，单击对话框中的"确定"按
钮后进入运动仿真操作界面，此时的视窗上部的操作命令组条如图 6-42 所示。

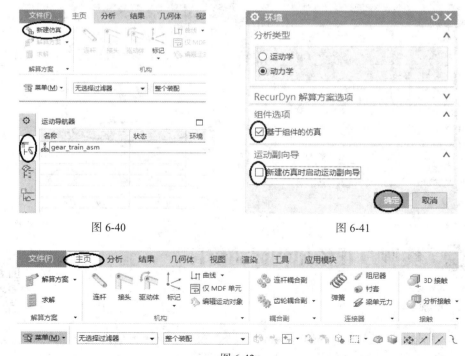

图 6-40　　　　　　　　　　　　　　　图 6-41

图 6-42

2. 定义连杆

单击"机构"命令组的小图标，弹出图 6-43（a）所示的"连杆"对话框，然后分别点选 8 个活动构件（注意：几个零件刚性连接一起运动的视为一个构件，每点一个构件就单击对话框中的"应用"按钮一次），完成后在"运动导航器"中可以看到连杆父项下的 8 个杆件。

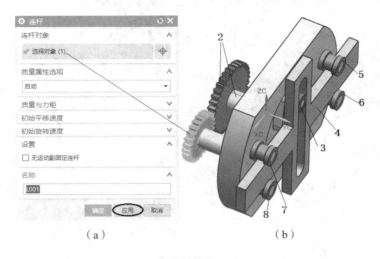

（a）　　　　　　　　　　　　（b）

图 6-43

3. 定义运动副

单击"机构"命令组的小图标，弹出"运动副"对话框，第 1、第 2 运动副类型选择"旋转副"，点选构件时注意点选构件的旋转中心。单击对话框中的"应用"按钮，完成单个运动副定义，在定义第 3 个旋转运动副时注意啮合杆件，如图 6-44 所示。

定义第 4 个运动副为"滑块"，如图 6-45 所示。

定义第 5、6、7、8 运动副为绕自己轴心的旋转副。

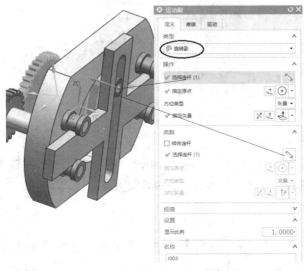

图 6-44

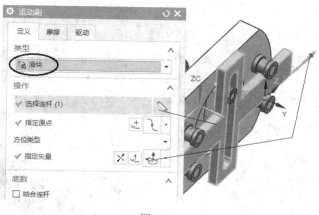

图 6-45

4. 确定驱动

单击"机构"命令组的小图标，弹出图 6-46 所示的"驱动"对话框，选项如图中黑圈所示。最后单击对话框中的"确定"按钮，完成驱动定义。

图 6-46

5. 定义耦合副

单击"耦合副"命令组的小图标 齿轮耦合副，弹出图 6-47 所示的"齿轮耦合副"对话框，在"运动导航器"里选择 J001 为第一运动副，J002 为第二运动副，并输入齿轮分度圆半径。最后单击对话框中的"确定"按钮，完成齿轮耦合副的定义。

6. 定义接触

单击"接触"命令组的小图标 3D 接触，弹出图 6-48 所示的"3D 接触"对话框，操作体选择滚轮，基本体选择十字架，然后单击"确定"按钮，完成 3D 接触的定义。

图 6-47

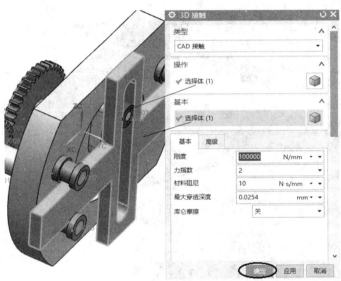

图 6-48

7. 生成动画

（1）单击视窗上部命令行的小图标  解算方案，弹出图 6-49 所示的"解算方案"对话框，选项如图中的黑圈所示，最后单击"确定"按钮，完成解算方案。

（2）单击视窗上部命令行的小图标 求解，系统进行几秒的运算，弹出信息对话框，然后关闭信息对话框。

（3）单击视窗上部"分析"选项卡→动画→动画，如图 6-50 所示，弹出图 6-51 所示的"动画"对话框，通过不同的按钮完成不同的操作。

图 6-49

图 6-50   图 6-51

最后存盘，默认保存文件。

6.4 习题

1. 齿轮齿条传动运动仿真（见图 6-52）。

习题 1

图 6-52

2. 螺旋转动运动仿真（见图 6-53）。

习题 2

图 6-53

3. 曲柄齿轮齿条机构运动仿真（见图 6-54）。

习题 3

图 6-54

附录A

理论知识问答

一、判断题

1. 修改"客户默认设置"（Customer Defaults）对话框的设置后，设置将立即生效。
（　　）

2. 定义图案表面（Pattern Face）中的矩形阵列图案时，其 X 轴和 Y 轴可以不正交。
（　　）

3. 启动 NX 后，只有与基本环境（Gateway）模块相关的工具条会自动出现，其他模块的工具条需要手动显示。（　　）

4. 扫掠特征的引导线串如果形成封闭环，第一截面线串可被选为最后截面线串。
（　　）

5. 如果想创建一个和某个面呈一定角度的基准平面，必须选择一个面和一条基准轴或者一条直的边界。（　　）

6. 在草图环境中，按下延迟更新按钮后，提示栏将不再提示过约束、完全约束或欠约束。（　　）

7. 使用"装配切割"（Assembly Cut）命令时，建模模块和装配模块必须同时启动，且工具体必须是实体。（　　）

8. 在 Excel 中定义了家族电子表格并保存，则会自动在家族成员的存储目录中创建实际的家族成员部件文件。（　　）

9. 在默认情况下，厚度为正值时，抽壳（Shell）操作是从实体的外表面向实体内部按照指定的厚度抽空实体。（　　）

10. 使用"引用几何体"（Instance Geometry）命令复制的几何体总是与原始几何体保持关联。（　　）

11. 在装配中，组件对象名称默认就是组件部件名称，不可以更改。（　　）

12. 利用 WAVE 几何链接器复制到工作部件中的几何体总是与原始几何体保持关联。（　　）

13. 使用"装配切割"（Assembly Cut）命令时，建模模块和装配模块必须同时启动，

且工具体必须是实体。（　　　）

14. 所有成型特征（凸台 Boss、孔 Hole、槽 Pocket、凸垫 Pad、键槽 Slot、沟槽 Groove）都必须建立在平面上。（　　　）

15. 图纸比例改变后，各个视图会自动改变位置，不至于超出图纸边界。（　　　）

16. 草图绘制必须在基准平面上建立，因此在建立草图之前必须先建立好基准平面。（　　　）

17. 当创建可变半径倒圆时，每一个选中的边缘只能赋予一个半径值。（　　　）

18. 镜像装配（Mirror Assembly）既可以创建组件的对称版本，也可以创建组件的引用实例。（　　　）

19. 在任何时候，工作层只能有一个。（　　　）

20. 在编辑工程图时，投影角（Projection）参数只能在没有产生投影视图的情况下被修改。如果已经生成了投影视图，只有将所有的投影视图删除后，才可以进行投影角参数的修改。（　　　）

二、选择题

（一）单选题

1. 在一个平面上完成了一个二维设计，如一朵花，这个设计将被转化到一个圆锥面上作为贴花。下面的曲线操作中（　　　）可以把这个 2D 的设计转化到圆锥面上。

A. 图形转化（Graphic Translater）　　　B. 2D 投影 （2D Projection）

C. 曲线投影（Curve Projection）　　　D. 缠绕/展开（Wrap/Unwrap）

2. 连续性共有四种类型的形式，可以使对象连续但不相切的是（　　　）。

A. 对称的　　　　　B. G0　　　　　C. G1　　　　　D. G2

3. 在 UG 中的抑制特征（Suppress Feature）的功能是（　　　）。

A. 从目标体上临时移去该特征和显示　　B. 从目标体上临时隐藏该特征

C. 从目标体上永久删除该特征　　　　D. 在计算目标体重量时，忽略信息，但仍然显示

4. 如果一个部件分布在同一个装配中的不同位置，可以重新设置（　　　）来区别不同的同一部件。

A. 组件名　　　　B. 引用集名　　　　C. 装配名　　　　D. 以上都可以

5. 条件表达式创建用的语言是（　　　）。

A. Do While　　　B. If Else　　　C. Do Until　　　D. Else If

6. 常用的装配方法有自底向上装配、自顶向下装配和（　　　）等。

A. 立式装配　　　B. 分布式装配　　　C. 混合装配　　　D. 以上都不对

7. 下面（　　　）是表达式的要素。

A. 公式、数值、单位、名称　　　　B. 名称、等号、公式

C. 名称、公式、量纲、单位　　　　D. 变量、公式、量纲、数值

8. 图 A-1 为阶梯剖视图的示意图，其中③表示（　　　）。

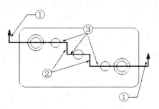

图 A-1

A. 展开段   B. 剖切段   C. 折弯段   D. 箭头段

9. 如果要把图 A-2（a）所示的坐标系通过旋转变为图 A-2（b）所示的坐标系，应采取的操作是（　　）。

A. +ZC 轴：XC→YC 角度 90°   B. −ZC 轴：XC→YC 角度 90°

C. +YC 轴：XC→ZC 角度 90°   D. −YC 轴：XC→ZC 角度 90°

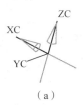 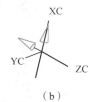

（a）   （b）

图 A-2

10. 在使用过曲线网格命令时，已经选择了所有的封闭主线串，选择交叉线串的方式为（　　）以生成封闭实体。

A. 选择"Closed in V"

B. 选择"Closed in U"

C. 利用补片体和缝合来生成实体

D. 再次选择第一个交叉线串作为最后的交叉线串

11. 以下说法正确的是（　　）。

A. 一个拉伸特征可以包含多个体   B. 拉伸特征只能包含实体或只能包含片体

C. 一个拉伸特征只能包含一个体   D. 以上说法都不对

12. 连续性共有四种类型的形式，可以使对象连续但不相切的是（　　）。

A. 对称的   B. G0   C. G1   D. G2

13. 下列不是创建基准轴类型的是（　　）。

A. 两点   B. 曲线上矢量   C. 交点   D. 边界

14. 当使用镜像体命令时，镜像平面可以是（　　）。

A. 基准面   B. 平面   C. 圆柱面   D. 圆锥面

15. 在图层的设置中缺省的图层类别（Layer Categories）不包括（　　）。

A. 曲线（Curves）   B. 点（Points）   C. 草图（Sketches）   D. 片体（Sheets）

16. 用一个或两个通过中心轴的面进行剖切得到的视图称为（　　）。

A. 旋转剖视图   B. 展开剖视图   C. 阶梯剖视图   D. 半剖视图

17. 桥接两条曲线间一段空隙，结果既要保证相切又要跟随先前两条曲线的总体形状，应该选择（　　）的连续方法。

A. 连续（Continuous）   B. 相切连续（Tangent）

C. 曲率连续（Curvature）   D. 相切拟和（Tangent Fit）

18. 在两个部件之间添加配合约束的时候，（　　）会从先前的位置移动到满足装配关系的位置。

A. 两个部件都不   B. 两个部件都

C. 第一个被选择的部件   D. 第二个被选择的部件

19. 图 A-3 为某一个视图，其中 "TOP@12" 称为（　　　）。

　A. 比例标签　　　　　　　B. 视图标签　　　　　　C. 预览样式　　　　　D. 选择排列

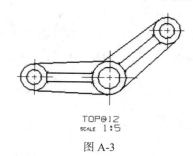

TOP@12
SCALE 1:5

图 A-3

20. 固定基准面是相对于（　　　）建立的。

　A. 其父特征　　　　　　　B. 模型空间　　　　　　C. 草图　　　　　　　D. 基准

（二）多选题

1. 下列哪些符号不能用于表达式的名称有（　　　）。

　A. 惊叹号　　　　　　　　B. 下划线　　　　　　　C. 双问号　　　　　　D. 星号

　E. 字母　　　　　　　　　F. 短划线　　　　　　　G. 数字

2. 欲在一个尺寸标注附加文本 "2 PLS"，则文本添加位置可以有（　　　）。

　A. 尺寸数字之前　　　　　B. 尺寸数字之后　　　　C. 尺寸数字之上　　　D. 尺寸数字之下

3. 系统定义的引用集有（　　　）。

　A. 整个部件（Entire part）　B. 空（Empty）　　　C. 模型（Model）　　D. 实体（Solid）

　E. 轻量化（Lightweight）　　F. 简化的（Simplified）　　　　　　　　G. 全部（All）

4. 在装配导航器中，要隐藏一个部件，可以（　　　）。

　A. 取消掉部件名称前的勾　　　　　　　　　　　B. 在黄色小框上中键双击

　C. 在部件名称上右键单击选择 Blank　　　　　　D. 在部件名称上双击

5. 使用修剪（Trimmed）的方法创建 N 边曲面时，UV 方位选项的内容有（　　　）。

　A. 脊线　　　　　　　　　B. 距离　　　　　　　　C. 矢量　　　　　　　D. 面积

6. 下列选项中，可以从被导入当前零件的图形模板中直接继承的属性有（　　　）。

　A. 视图成员　　　　　　　B. 视图比例　　　　　　C. 投影角度　　　　　D. 图纸名称

7. 欲在两个面之间建立圆整而光滑的过渡面，而又需要定义相切曲线的线串，那么在创建时可以使用的自由形状特征有（　　　）。

　A. 面内曲线　　　　　　　B. 桥接曲面　　　　　　C. 面倒圆　　　　　　D. 软倒圆

8. 角色可以管理用户界面的外观，下面可以通过角色设置的有（　　　）。

　A. 菜单栏中的选项

　B. 工具条中的按钮

　C. 按钮名称是否在按钮下显示

　D. 创建一个新部件时，默认进入哪个应用

　E. 哪些条目在资源条中显示

9. 延伸片体（Extension）主要包括（　　　）。

　A. 相切延伸　　　　　　　B. 法向延伸　　　　　　C. 角度延伸

　D. 圆弧延伸　　　　　　　E. 规律控制延伸

10. 可以删除图纸的方法有（　　　）。

A. 选择编辑→删除图纸

B. 在图纸边框上用鼠标右键单击选择删除

C. 在部件导航器中用鼠标右键单击图纸节点，选择删除

D. 在图纸空白处用鼠标右键单击，选择删除

11. 草图约束的类型有（　　　）。

A. 几何约束　　　　　B. 相关约束　　　　　C. 尺寸约束　　　　　D. 参数约束

12. 下列可以用于创建圆柱的有（　　　）。

A. 直径、高度　　　　B. 半径、高度　　　C. 高度、圆弧　　　D. 圆弧、拉伸

13. 当使用边倒角时，在偏置组中，截面线组中可定义的选项有（　　　）。

A. 单边　　　　　　　B. 两边　　　　　　C. 偏置和角度　　　D. 对称　 E. 非对称

14. 在使用螺旋线（Helix）命令创建螺旋线时，需要指定的选项有（　　　）。

A. 圈数　　　　　　　B. 螺距　　　　　　C. 是否相关　　　　D. 半径方式

E. 半径数值　　　　　F. 旋向

15. 创建键槽（Slot）时的种类有（　　　）。

A. 矩形（Rectangular）　　B. 球端（Ball-End）　　　C. T 形槽（T-Slot）

D. U 形槽（U-Slot）　　　E. 燕尾槽（Dove-Tail）　　F. 圆柱形（Cylindrical）

16. 层的状态有（　　　）。

A. 工作　　　　　　　B. 可选　　　　　　C. 仅可见

D. 不可见　　　　　　E. 编辑　　　　　　F. 非活动

17. 创建沿引导线扫掠特征时，下列必须定义的两种线串是（　　　）。

A. 截面线串　　　　　B. 引导线串　　　　C. 曲线线串

D. 跟踪线串　　　　　E. 肩线串

18. 缩放体（Scale Body）操作有（　　　）。

A. 均匀缩放（Uniform）　　B. 轴对称缩放（Axisymmetric）

C. 常规缩放（General）　　D. 本地缩放（Local）　　E. 双边缩放（Bilateral）

19. 打开一个已存在的部件文件的方式有（　　　）。

A. 选择文件→打开　　　B. 选择格式→打开部件　　C. 在标准工具条上单击打开图标

D. 在标准工具条上单击访问部件图标

E. 从资源条拖拽一个部件文件到图形区域

20. 下面是创建线性组件阵列时方向定义中选项的是（　　　）。

A. 基准平面法向　　　B. 边缘　　　　　　C. 中心

D. 基准轴　　　　　　E. 面法向

三、填空题

1. 为了知道某一个层中对象的数目，可以在"层设置"对话框中打开_____选项。

2. 工作在装配环境下意味着_____是显示部件，_____是工作部件。

3. 投影曲线（Project Curve）有 5 种投影方向的方法，其中仅_____和_____是精确的，其他方法是使用建模公差近似的。

4. 部件间表达式和 WAVE 几何链接器可以通过"客户默认设置"对话框中的"Assemblies"

→ "General" → "Interpart Modeling" 选项卡取消选中_____复选框而不激活。

5. 在制图模块中，输入基本视图和_____就可以完成三视图的添加。

6. 为了外化一个内部草图，在部件导航器中用鼠标右键单击拥有它的特征，选择_____命令。

7. 偏置曲线（Offset Curve）时，当要取消在曲线偏置线串中的自交区时，应利用_____选项。

8. 扫掠特征（Swept）的引导线串最多可以有___条，且必须相切连续，截面线串最多可有_____条。

9. 通过_____命令，可以替换体和基准，还可以把独立的特征从一个体上重新依附到另一个体上。

10. 在引用几何体（Instance Geometry）中，如果输入副本数为10，那么完成后的总数应为_____。

11. _____特征可以利用几个简单的参数方便地描述长方体、圆柱、圆锥、球体。

12. _____是指利用给定的若干点拟合出的多项式曲线。

13. NX装配是指通过关联条件在部件间建立_____以确定部件在产品中的位置。

14. 用_____功能，可最大限度地简化NX的用户界面，此时，菜单栏以及工具栏中将仅列出对用户必要的一些操作功能。

15. NX中默认有_____种部件显示渲染样式。

16. NX默认提供了_____种标准视图以及一个_____和一个_____。

17. 抽壳（Shell）有_____和_____两种方式。

18. 当工作在装配环境下时，_____和_____的单位必须一致。

19. _____是建模过程中经常使用的工具，通过这一工具，NX可以提供多种方法来捕捉点。

20. 在制图模块中，输入基本视图和_____就可以完成三视图的添加。

四、问答题

1. 同步建模通常用于什么场合？

2. 通常在建立模型时，选择工具条包括哪几个部分？

3. 如果建模模块已经激活，在部件导航器中用鼠标右键单击任一特征节点，试述在弹出的快捷菜单中编辑参数（Edit Parameters）和带回退的编辑（Edit with Rollback）二者的区别。

4. 可以通过哪几种方法重新排列特征时序？

5. 请说出自上向下和自下向上设计的不同点。

6. 基准面的用途有哪些？

7. 在装配环境中选择Save、Save All和Save Work Part Only命令有什么区别？

8. 抑制特征（Suppress Feature）有哪些用途？

9. 草图中自动约束的类型有哪些？

10. 部件导航器有哪些功能？

参考答案

一、判断题

1. ×　　2. √　　3. ×　　4. √　　5. √　　6. ×　　7. √　　8. ×　　9. √
10. ×　　11. ×　　12. ×　　13. √　　14. ×　　15. ×　　16. ×　　17. ×
18. √　　19. √　　20. √

二、选择题

（一）单选题

1. D　　2. A　　3. D　　4. C　　5. A　　6. C　　7. A　　8. C　　9. D
10. D　　11. A　　12. A　　13. D　　14. A　　15. B　　16. A　　17. C　　18. C
19. B　　20. B

（二）多选题

1. ACDF　　2. ABCD　　3. ABCE　　4. AC　　5. ACD　　6. ABCD　　7. CD
8. ABD　　9. ABCD　　10. ABC　　11. AD　　12. ABCD　　13. CDE　　14. ABDEF
15. ABCDE　　16. ABCD　　17. AB　　18. AB　　19. ACE　　20. ABDE

三、填空题

1. 显示对象数目　　2. 装配，组件部件　　3. 沿面的法向，沿矢量投影到平面
4. Allow Interpart Modeling　　5. 投影视图　　6. Make Sketch External（将草绘设为外部）　　7. 大致偏置　　8. 3，150　　9. 替换特征　　10. 11　　11. 基本体素
12. 样条曲线　　13. 约束关　　14. 角色　　15. 8　　16. 6，正等测图，正三轴测视图　　17. 移除面然后抽壳，所有面抽壳　　18. 工作部件，显示部件　　19. 点构造器　　20. 投影视图

四、问答题

1.（1）编辑从其他 CAD 系统读入的、没有特征历史或参数的模型。

（2）模型在创建时没有考虑设计意图的改变，按照传统方法编辑将做大量返工并会丢失相关性。

2. 选择对象的类型下拉列表，选择范围下拉列表，选择意图选项，捕捉点选项。

3. 编辑参数：编辑特征的参数。带回退的编辑：将模型回退到该特征建立之前的状态，然后打开"特征建立"对话框。

4. （1）选择编辑→特征→重排序（Edit→Feature→Reorder）命令。

（2）在部件导航器中的特征节点上用鼠标右键单击，选择重排序命令。

（3）在部件导航器中拖拽特征节点。

5. 自上向下的装配模型设计是在装配工作环境中创建并设计一个新部件。

自下向上的装配是把已存在对象作为组件加到装配中，并建立指向对象的指针。

6. （1）定义草图平面。

（2）作为建立孔等特征的平面放置面。

（3）作为定位孔等特征的目标边缘。

（4）当使用镜像体和镜像特征命令时用作镜像平面。

（5）当建立拉伸和旋转特征时用于定义起始或终止界限。

（6）用于修剪体。

（7）用于在装配中定义定位约束。

（8）帮助定义一相对基准轴。

7. （1）选择 Save 命令：如果工作部件是一个独立部件，则仅该部件被保存；如果工作部件是一装配或子装配，其下所有修改了的组件也将被保存，但并不保存高一级修改了的部件和装配。

（2）选择 Save All 命令：保存所有修改了的部件，而不管当前工作部件是哪一个。

（3）选择 Save Work Part Only 命令：仅保存工作部件本身，即使工作部件是一装配或子装配，其下所有修改了的组件不会被保存。

8. （1）临时移除一个复杂模型的特征，以便加速创建、对象选择、编辑和显示时间。

（2）为了进行分析工作，可从模型中移除比如小孔和圆角之类的非关键特征。

（3）在冲突几何体的位置创建特征。例如：如果需要用已经倒圆的边来放置特征，则不需删除倒圆，可先抑制倒圆，创建并放置新特征，然后取消抑制倒圆。

9. 水平、垂直、相切、平行、正交、共线、同心、等长、等半径、点在线上、共点。

10. （1）在详细的图形树结构中显示部件，特征、视图、图纸、用户表达式、引用集以及不使用的项都会显示在图形树中。

（2）可以方便地更新和了解部件的基本结构。

（3）可以选择和编辑图形树中各项的参数。

（4）可以重新安排部件的组织方式。